WEINAMI CAILIAO ZHIBEI
JIQI DUI Re（Ⅶ）DE YUANWEI GUDING

微纳米材料制备及其对Re（Ⅶ）的原位固定

丁庆伟 著

U0310105

化学工业出版社

·北京·

本书共分 6 章，分别介绍了微纳米材料制备的概述、纳米零价铁制备及表面修饰和分散性研究、纳米级天然黄铁矿粉末的制备及表面反应活性研究、纳米零价铁原位固定土壤和水中 Re(Ⅶ) 的实验及机理研究、纳米级黄铁矿原位固定土壤和水中 Re(Ⅶ) 的实验及机理研究和结论与趋势分析等内容。

本书具有较强的技术性和针对性，可供从事纳米材料制备等领域的科研人员、技术人员和管理人员参考，也可供高等学校材料科学与工程、环境科学与工程及相关专业师生查阅。

图书在版编目（CIP）数据

微纳米材料制备及其对 Re(Ⅶ) 的原位固定/丁庆伟

著. —北京：化学工业出版社，2019.12

ISBN 978-7-122-36107-3

Ⅰ. ①微⋯　Ⅱ. ①丁⋯　Ⅲ. ①纳米材料-材料制备-研

究　Ⅳ. ①TB383

中国版本图书馆 CIP 数据核字（2020）第 021916 号

责任编辑：刘兴春　刘兰妹　　　　　　　　　装帧设计：李子姮
责任校对：杜杏然

出版发行：化学工业出版社（北京市东城区青年湖南街 13 号　邮政编码 100011）
印　　装：北京虎彩文化传播有限公司
710mm×1000mm　1/16　印张 12½　字数 195 千字　2019 年 12 月北京第 1 版第 1 次印刷

购书咨询：010-64518888　　　　　　　售后服务：010-64518899
网　　址：http://www.cip.com.cn

定　　价：86.00 元

前 言

　　核能作为一种安全、清洁、经济、可靠的能源，其应用已成为当今世界一种高新技术的战略产业，并成为衡量一个国家经济、科技、电力、工业水平的重要标志。但是，随之而来的是越来越多的核废物以及不可忽视的核安全事故隐患。核废物进入环境后会造成水、大气、土壤的污染，并通过各种途径进入人体，当放射性辐射超过一定水平就能杀死生物体的细胞，妨碍正常细胞分裂和再生，引起细胞内遗传信息的突变。1986年苏联切尔诺贝利核电站4号反应堆发生了大爆炸，造成8t以上的强辐射物质泄漏。2011年，日本东北地区发生了里氏8.9级特大地震并引发海啸，导致了福岛核电站的爆炸，多座核反应炉的辐射物质泄漏。在切尔诺贝利和福岛核事故以后，核废物的防控和安全处置已成为全世界普遍关注的热点问题。

　　锝（Tc）是核废物中的高放射性（高放）废物之一，通常利用吸附、沉积和工程屏障等手段处置核废物，但是，锝（Tc）的裂变产额高（6.13%）、半衰期长（$T_{1/2} = 2.1 \times 10^5$ 年）、化学行为复杂。锝（Tc）在土壤和地下水中以高锝酸根（TcO_4^-）形态存在，极易迁移，难以利用吸附、沉积等通常手段将其固定。而且，普通工程屏障材料几百年后就会老化，难以长期阻挡 TcO_4^- 迁移。对于高放废物，通常利用非放射性同位素进行替代研究。由于锝的所有同位素都具有放射性，研究者们常以铼（Re）代替锝（Tc）进行研究。

　　本书内容建立在笔者多年研究成果的基础上，首先，制备了稳定的纳米零价铁和高反应活性的微纳米级天然黄铁矿；随后，采用纳米材料原位还原固定的方法，以批实验、柱实验的手段对土壤和地下水中Re的固定方法和固定效果进行了研究分析；结合实验数据，以化学热力学、动力学原理和地球化学模拟软件等研究了反应机理。

　　本书阐述的具体内容和结果如下。

　　（1）通过液相还原法制备了稳定的纳米零价铁材料

　　经过质量分数为7%的淀粉包覆、修饰，在醇水比例为4∶1的分散介质中制备的纳米零价铁，具有较好的稳定性且分散均匀。该制备方法利用环境无毒无污染的淀粉作为修饰剂，乙醇作为反应介质，在反应体系中一次性实现了纳米零价铁的小粒径、抗团聚、减缓氧化等特性。

　　（2）以批实验和柱实验研究了纳米零价铁对高铼酸根（ReO_4^-）的还原固定效

果，并对其机理进行了分析

结果表明：纳米零价铁是一种很好的固定土壤和水中铼的纳米材料，反应活性随微粒粒径的减小而增大。纳米零价铁在常温、中性条件下可以在短时间内很好地原位固定 ReO_4^-，而且热力学分析反应自发性强、反应程度彻底，反应基本符合一级动力学规律。通过化学热力学理论推导得出，TcO_4^- 比 ReO_4^- 易于发生同样的反应。研究得出，纳米零价铁在应急快速处理核污染突发事件释放的高放核废物 Tc 的应用中具有潜在的实用价值。

（3）将机械活化理论和有机介质对晶体活化过程中的作用相结合

通过优化改进的机械活化法制备了天然黄铁矿的纳米级粉末，对产物成分和形态进行了表征。该方法经过计算添加 8mm 和 3mm 的磨球，比例为 1：1，以及在乙醇介质中湿法磨制，可将稳定的黄铁矿晶体活化为小粒径、高反应活性的纳米微粒。研究得出，在乙醇介质中机械活化 24h，超声分散后可得到具有比表面积大和晶格畸变率高的纳米级天然黄铁矿粉体，平均粒径为 100nm。

（4）本书提出了一种高放废物处理处置的新方法

该方法利用自然界可以长期稳定存在的黄铁矿制备纳米粉末，以 Re 作为 Tc 的替代元素，通过批实验和柱实验研究了天然黄铁矿对 ReO_4^- 的还原固定效果和反应机理。分别研究了不同固液比、不同的初始 pH 值和不同粒径条件下，纳米级天然黄铁矿对铼的还原固定效果。研究表明：平均粒径 100nm 的黄铁矿反应效果明显优于粒径 $20\mu m$ 的反应效果。在还原和吸附的共同作用下纳米级天然黄铁矿对 ReO_4^- 具有较好的还原固定效果，55d 后去除率达到 58.75%。XPS 表征结果显示还原产物为不随水迁移的 ReO_2。理论推导和地球化学软件（GWB）分析得出，TcO_4^- 在该还原固定反应中与 ReO_4^- 具有同样的反应规律。纳米级黄铁矿由于其稳定的晶体结构，可以缓慢与污染物离子作用，在自然环境下能够长期有效地还原固定高铼酸根。研究结论对高放废物的地质处置和重金属污染防治具有重要的理论意义和实用价值。

本书在编写过程中得到了国家自然科学基金重点项目"纳米零价铁和纳米氧化铁原位固定核设施场地土壤和地下水中锝和铀的机理研究"（41230638）、国家自然科学基金项目"利用黄铁矿还原固定地下水中锝的机理研究"（41072265）、国家自然科学基金项目"纳米零价铁对地下水和土壤中锝-99 还原固定的预研究"（40810104035）、山西省自然科学基金项目"利用纳米零价铁还原固定土壤和水中铼的研究"（2009021007-3）、山西省重点研发项目"原位固定典型重金属的新型纳米铁系材料研究"（201903D121085）以及太原科技大学博士基金等项目的经费支持，也得到了笔者所在研究团队和涉及本书研究成果的所有学者的支持与协助，在此一并表示衷心的感谢！

限于著者水平与编写时间，书中不足和疏漏之处在所难免，敬请读者提出修改建议。

著者
2019 年 8 月

目 录

第4章 / 097

纳米零价铁原位固定土壤和水中 Re（Ⅶ）的实验及机理研究

第5章 / 134

纳米级黄铁矿原位固定土壤和水中 Re（Ⅶ）的实验及机理研究

第6章 / 172

结论与趋势分析

附录

/ 176

本书相关的常用数据表

第1章

概论

当今，核能以其更加经济、高效、清洁、安全的特点成为人类所关注的一种具有可持续发展性的能源。但是，核工业快速发展的同时也相应地带来了诸多环境安全隐患，尤其是在前苏联切尔诺贝利和日本福岛核事故以后，核废物的防控和安全处置已成为全世界普遍关注的热点问题。

1.1 核废物的危害及其研究现状

1.1.1 核废物的危害

人类生存、发展的需求带动了全球经济的快速增长，随之产生的问题是各种不可再生能源开发利用之后的资源枯竭和如何消除其对生态环境所产生的影响。更重要的是，目前化石能源的使用模式不符合可持续发展的物质文明和生态文明建设的要求。

从 20 世纪 40 年代开始，由于更加高效、经济、清洁、安全等因素，核能成为人类所关注的一种具有可持续发展性的能源。从此，许多国家对核能进行了大力的应用和发展。继美国 1942 年首次建成核反应堆之后，苏联等国家 1950 年左右也相继建成了核电站。从 1970 年之后，高速化、规模化成为核工业发展的特点。各国发展核电的经验证明，核电不仅"安全"而且"环保"。

我国的核工业是从 1955 年开始的。1991 年，我国大陆秦山核电站并网发电。随后，大亚湾、辽宁、秦山二期等核电站相继建成，标志着我国的核电技术已进入较为成熟的阶段。百万千瓦级的大亚湾核电站如图 1.1 所示。

核能作为一种安全、清洁、经济、可靠的能源，已成为当今世界的一种高新技术的战略产业，并成为衡量一个国家经济、科技、电力、工业水平的重要标志。

在世界各国大力发展核电的同时，核力发电不仅"安全"而且"环保"的特性受到了现实的质疑，人们越来越意识到核工业带来的核废物问题的严重性。核工业经过几十年来的迅速发展，一大批运行多年的核设施将面临退役，大量的核废物需要处置库存放。随之而来的是越来越多的核废物以及越来越不可忽视的核安全事故隐患。

核废物一旦随地下水或大气迁移到生态环境中，会造成环境的污染、生态平衡的破坏，并通过土壤、水、大气等各种介质直接或间接的进入人体。当人

图 1.1　百万千瓦级的大亚湾核电站

体接受了超过一定水平的放射性辐射，部分的生物细胞就会被杀死，正常细胞不能进行分裂和再生，甚至会使细胞内遗传信息发生突变。由此引发的癌症死亡人数高于联合国的官方估计数的数十倍，历史上有关核污染造成的危害让人们心有余悸。1986 年 4 月 26 日苏联切尔诺贝利核事故，大量的强辐射物质被泄漏。由此形成的放射性物质的污染是日本广岛原子弹爆炸产生的 100 倍。受切尔诺贝利事故影响的有 20 亿人口，其中因此患上癌症的有 27 万人，因此致死的有 9.3 万人。而 2011 年 3 月 11 日，日本东北地区发生了里氏 8.9 级特大地震并引发海啸，导致了福岛核电站的爆炸，多座核反应炉的辐射物质泄漏，日本福岛第一核电站事故序列如图 1.2 所示。美国能源部公布了核电站西北 $40\sim50km$ 的范围内 1 年内累积辐射剂量超过 $20\mu Sv$。日本政府也已将半径为 30km、累积辐射剂量可能超过 $20\mu Sv$ 的范围定为"计划性疏散区"。

我国预计至 2050 年，核电总装机容量会达 $4\times10^8 kW$，占总发电量的 22%，占总装机容量的 16%。以大亚弯核电站目前的运行情况，2020 年国内核电站每年产生的固体核废物将达到 $5000m^3$ 左右。核电事业如此大规模的发展更加凸显出其技术瓶颈和制约因素，几十年后处理核废物的问题或将成为比建设核电站更艰巨的难题，现在及未来国家势必在核废料处理方面加大研究和投入。

今天，随着人类对生态问题的认识程度的加深，环保和生态问题已不再是

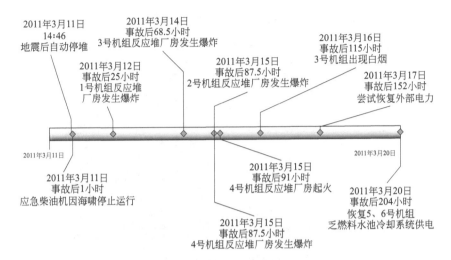

图 1.2　日本福岛第一核电站事故序列

一个新鲜名词，它已成为与每个人密切相关的生存保障。因此，核能安全运行的前景预期及核废物的安全处置与我们的生活环境息息相关，核废物的处理处置也成为当前决定核工业如何发展的关键问题之一。

1.1.2　核废物中锝的研究现状

目前，在国际上对核废物的处理处置方法中，既安全又能被人们接受的方法是地质处置。现在的地质处置库的工程屏障材料（如钢罐、水泥固化体、玻璃固化体等）一般可用几百年，对于处置一些放射性寿命在 500 年以内的放射性污染物来说可以保证在这些污染物衰变至无害水平之前不进入人类生存的环境。但是，对于一些长寿命的放射性核素污染物，如 ^{99}Tc（半衰期 $T_{1/2}=2.1×10^5$ 年）等污染物，工程屏障的有效期相对于其半衰期来说是非常短的。另外，如果发生一些地质灾害的时候可能使得处置库的工程屏障被破坏，核污染物就可能泄漏进入人类生存的环境。不论是哪种情况，核污染物一旦泄漏进入生态环境都将对人类构成巨大的威胁。

核工业包含铀矿的开采、铀的提取、纯化、转化、同位素富集、乏燃料后处理、高放废物的处置等整个庞大的系统，任何一个环节出现问题后果都不堪设想。全世界已经广泛关注并长期研究如何安全、经济地处置核废料的问题。

近几十年来，不同国家出台了各自对高放核废物的处置政策。国内外研究者做了大量的研究，探讨核素在地下水和土壤中的迁移规律，但很难保证在长达上百万年中包装材料不被腐蚀、地层不变动。因此，地质灾害的隐患成为对放射性废物处置库选址的忧虑。

目前通常采用地质埋藏的方法处置高放射性核废物。这样的处置方法主要是利用天然屏障和工程屏障来防止放射性核素从包装物中泄漏。我国在西北、华南已建设好近地表处置场来存放中、低放射性核废物。然而，目前我国还没有处置高放废物的地质处置库。科学家们呼吁必须减少放射性废物的产生，从战略、战术上重视放射性核废物处理处置，加强管理。

如果按照当前高放射性核废物的常规处置办法，利用天然屏障和工程屏障进行地质埋藏，几百年后包装腐蚀或发生底层变动，一旦放射性核素泄漏到工程屏障外面时，就需要以适当的方法在原位固定核素，控制污染物不再向环境中扩散。

^{99}Tc 是一种裂变产额高（6.13%）、化学行为复杂的长寿命放射性核素（^{99}Tc 半衰期 $T_{1/2}=2.1 \times 10^5$ 年），是主要的核废物之一。对于放射性核废物 Tc 来说，以 1000MW 核电站排放 20kg 以上的 ^{99}Tc 核废物为例，以普通人允许每年可以接受的辐射量为标准，储存 100 万年后仍然是允许剂量的 3000 多倍。而上述核废物若直接外排，需要消耗 3.0×10^7 t 水稀释以后才能符合环境标准的要求，但这不仅是不科学的也是做不到的。

通常条件下，Tc 以稳定的无色的高锝酸根（TcO_4^-）的形式存在，易溶于水，该离子极易在环境中随着地下水发生迁移，而且很难被矿物质和沉积物将其吸附固定，所以，Tc 在地下水中的固定一直是相关研究领域迫切需要解决的热点和难点问题。因此妥善地处理被排放到环境中的 Tc 具有很重要的现实意义。

当前，研究者们对放射性污染物 Tc 做了大量的研究。在核放射性废物处置场设计中，李宽良等研究指出，添加 Na_2S 作为核素处置的地球化学屏障能够有效阻止核废物的迁移，但 Na_2S 难以在自然界长期稳定存在，而部分核素半衰期很长，如 ^{239}Pu、^{14}C、^{63}Ni、^{99}Tc 等，因此放射性废物处置场需要能够长期稳定存在的还原物质来阻隔 TcO_4^- 进入生态环境。Jurisson 等和 Blower 等阐述了 Re 和 Tc 在核医学领域的应用以及放射性锝的小分子的特性，并对其与生物体的作用和治理措施进行了研究。Nakashima 等对高锝酸盐、高铼酸盐和高氯酸盐之间的性质进行了对比分析，阐述了三者都具有较强的氧化性，而且氧化性从强到弱的顺序为高氯酸盐 ＞ 高锝酸盐 ＞ 高铼酸盐。Wooyong 等研究了 Fe^{2+} 对 ^{99}Tc 的还原效果，并证实了被还原的 Tc 几乎不会再被氧化。Rohal 等对高锝酸盐和高铼酸盐在溶液中溶解和迁移的特性和二者的相似性进行了研究，并提出了在不同酸碱性条件下以含氮化合物进行处理的方法，证实了 TcO_4^- 和 ReO_4^- 的还原反应有相似的效果。Li 等研究了 Tc-B 掺杂的化合物的稳定性、硬度、弹性等物理性质，从电子结构、化学键方面进行了系统的计算。Cantrell 等利用热力学模型研究了岩石中 Tc 释放到水体中的溶解度数据，表明低浓度下 TcO_2 难以溶解。Kuo 等对 Tc 和 TiO_2 掺杂后的性质进行了研究。Jim 等研究了磁铁矿和蒙脱石中的铁和铝对水溶液中 TcO_4^- 的去除作用，表明 Fe^{2+} 可以缓慢地还原 TcO_4^-。

大量的研究表明，利用适当的还原材料可以将 TcO_4^- 还原为 TcO_2，使其不再随地下水迁移。Re 和 Tc 具有相似的性质，在氧化还原反应中具有非常相近的反应规律。

1.2 铼在高放废物锝的研究中的作用

1.2.1 铼的结构与性能

1.2.1.1 铼的基本性质

铼，元素符号 Re，元素周期表中与锰、锝同属于ⅦB族，原子序数 75，外层电子排布 $5d^5 6s^2$；铼常温下是银白色的金属，密度 $21.04g/cm^3$，熔点 3180℃，是一种高熔点金属，具有良好的机械性能。铼常温下不能溶于盐酸和氢氟酸，可溶于稀硝酸或过氧化氢溶液；高温下，可与硫生成 ReS_2，不与氢反应但可吸收氢气；主要的化合价有 ＋3、＋4、＋6、＋7，亲氧性强，容易被氧化为稳定的 Re_2O_7，在水溶液中形成稳定的 ReO_4^-，这是锰、锝和铼的特殊性质。

1.2.1.2 铼的稀有性

铼属于稀有分散金属，在自然界含量极少，是除镁和镭之外在地壳中含量最少的金属元素。主要分散于辉钼矿中，已探明的总储量约为 1 万吨。

1.2.1.3 铼的重要性

由于铼的密度大、熔点高、电阻大、耐磨、耐腐蚀且机械性能良好,常被用来制造电灯丝、航天器材的外壳和原子反应堆的防护板等。

由于铼的稀有性,价格昂贵,直到 20 世纪 50 年代才作为新兴的重要金属材料使用。当前,其被广泛应用于各种工业领域,主要用作石油工业、汽车工业、化工领域重要的催化剂,电子工业和航天工业利用其制作性能特异的合金,铼的加入可提高钨、钼、铬等的高温强度和可塑性,例如,铼含量在 3%～5% 时钨的起始再结晶温度会升高 300℃ 以上,适宜制作成各种形状,应用于航天航空的喷口、喷管、防热屏等高温结构件、弹性元件等,人们常把这种现象叫作"铼效应"。

鉴于金属铼的稀有性和重要性以及在航天、国防工业中的特殊用途,在铼的冶炼和使用过程中应该尽量避免其流失或采取措施回收利用,因此铼的回收工艺和技术已成为重要的研究课题。

1.2.1.4 铼的富集方法

当前,我国对铼的使用和加工技术也已逐步完善到了国际同行业的先进水平,常用的铼的生产工艺主要包括烟道灰水吸收沉淀法、活性炭吸附法、碱浸置换法、离子交换法、压煮法、萃取法、萃淋法、液膜法等。随着铼在工业领域中的重要用途和铼分析化学的发展,铼的分离富集方法也取得了很大的进步,出现了很多的方法,如溶剂萃取(SE)、活性炭优先吸附铼法(AP)、离子交换法(IE)、炭吸附法及沉淀法(ECS)、液膜分离(LF)、萃淋树脂吸附法(CL)等。

铼的各种分离富集方法的优缺点比较见表 1.1。

表 1.1　铼的各种分离富集方法的优缺点比较

方　　法	优　　　点	缺　　点
溶剂萃取	操作简单、可操作性和选择性强,回收率较高,杂质少,萃取体系以及萃取剂选择性灵活,易实现工业生产的机械化和自动化	萃取剂的选择与分离效果密切相关,萃取剂价格昂贵且大多为有毒、易挥发的有机物,对环境的危害大
活性炭优先吸附铼法	吸附机理主要是物理吸附,稳定性好,成本低,操作简单,环境污染小,回收率较高,易实现工业生产的机械化和自动化	吸附易饱和,容量低,抗干性差,杂质多

续表

方　法	优　点	缺　点
离子交换法	环境危害小,效率高,离子交换树脂可再生利用	过程复杂,耗时,成本高
炭吸附法及沉淀法	灵敏度高,操作简单	其他元素干扰严重
液膜分离	能耗低,成本低,选择性高,效率高,浓缩倍数高,操作简单	膜分离技术还不成熟
萃淋树脂吸附法	回收率较高,效率高	合成过程复杂,成本高,耗时

1.2.2　铼在高放废物锝研究中的作用

通常,采用非放射性的同位素替代研究高放废物的处理处置,但是 Tc 是核裂变产物,是核废物中的主要污染元素之一,其同位素都具有放射性。

Re 和 Tc 都为ⅧB 族元素,Re 与 Tc 的外层电子排布相同,都为 $nd^5(n+1)s^2$,它们有着相似的物理性质和化学性质。在反应中成键的分子轨道非常相似,在水溶液中都易形成 MO_4^- 的离子,易被还原成难溶的 MO_2 沉淀,不再随地下水在土壤中迁移。Re 和 Tc 的标准电极电势分别为 0.51V 和 0.74V,从热力学角度分析,能够还原 ReO_4^- 就必然能够还原 TcO_4^-。

当前,研究者们基于 Re 与 Tc 特殊的性质相似性,常利用 Re 进行模拟研究 Tc 的化学行为或规律。Kim 等以 Re 作为 Tc 的替代元素模拟研究了有机聚合物对溶解态的 TcO_4^- 的去除效果,并从热力学角度证实了能够去除 ReO_4^- 就可以去除 TcO_4^- 的反应特性;Poineau 等阐述了核燃料的循环中裂变产生的 Tc 的性质和应用,分析了 Re 与 Tc 的相似性;Vinsova 等研究了有氧条件下天然吸附剂对 Re 和 Tc 的作用机理,表明二者有相似的反应规律。

综上所述,Re 可作为 Tc 的替代元素对核废物的处理方法进行研究。尤其在利用氧化还原反应的处理方法中,对 ReO_4^- 的原位还原固定的研究结论可以作为实际问题中处理处置核废物中锝的参考和依据,具有重要的理论意义和参考价值。

另外,对于 ReO_4^- 的研究作用还有:Re 属于非常稀有的分散金属,在自然界含量极少,是除镤（Pa）和镭（Ra）之外在地壳中含量最少的金属元素,已探明的总储量约为 1 万吨。Re 是地球上储量极少、价格昂贵的稀有金属。

常温下，Re 在水溶液中主要以 ReO_4^- 的形式存在，ReO_4^- 非常稳定、随水迁移迅速，易于随水迁移、流失。很难用普通的吸附等方法将其固定下来。因此，本书对 ReO_4^- 的固定技术可以为 Re 的回收利用提供理论支持和实验依据。

近年来，纳米材料已成为新型功能材料学科的研究重点和热点。随着纳米材料的开发和应用，纳米技术作为非常活跃的部分已渗透到现代生活和生产的各个领域，也促进着相关学科之间的交叉和融合，成为材料、机械、电子、计算机、能源、环保、通信等现代化变革的基础。利用纳米材料进行环境污染修复也已经成为一个新的研究方向。

1.3　纳米材料及其在环境修复中的应用

功能材料是能源、环保、计算机、通信、电子、激光等现代科学的基础，在未来的社会发展中具有重大战略意义。功能材料是一门新的学科，目前对它进行严格的定义尚有一定的难度，就像许多化学变化中存在着物理现象、高级运动中总是伴随着低级运动一样，功能材料既遵循材料的一般特性和变化规律又具有其自身的特点。因此可认为功能材料是传统材料的更高级的运动形式。近年来，功能材料已成为材料科学和工程领域中最为活跃的部分，每年以 5% 以上的速度增长，相当于每年有 1.25 万种新材料问世。功能材料正在渗透到现代生活的各个领域，未来世界需要更多的性能优异的功能材料。

按材料种类分，功能材料可分为金属功能材料、无机非金属功能材料和有机功能材料。不同种类的功能材料各具特色。金属功能材料是开发比较早的功能材料，随着高新技术的发展，一方面促进了非金属材料的迅速发展，同时也促进了金属材料的发展。许多区别于传统金属材料的新型金属功能材料应运而生，有的已被广泛应用，有的具有广泛应用的前景。合金的迅速发展，给金属功能材料的发展提供了广泛的空间。随着各种合金的开发，各种各样的金属功能材料被开发出来，如纳米材料、大块非晶材料、真空快淬材料、磁性形状记忆合金等。

过去，人们只注意原子、分子或者宏观物质，常常忽略纳米这个中间领域，而这个领域大量存在于自然界，只是以前没有认识到这个尺度范围的性能。

纳米材料其实并不神秘和新奇，自然界中广泛存在着天然形成的纳米材料，如蛋白石、陨石碎片、动物的牙齿、海洋沉积物等就都是由纳米微粒构成的。人工制备纳米材料的实践也已有 1000 年的历史，中国古代利用蜡烛燃烧之烟雾制成炭黑作为墨的原料和着色的染料，就是最早的人工纳米材料。另外，中国古代铜镜表面的防锈层经检验也已证实为纳米 SnO_2 颗粒构成的薄膜。蜜蜂、海龟不迷路的原因——体内有纳米磁性微粒（相当于生物罗盘）。

纳米（nm），实际上是一种长度单位，$1nm = 10^{-9} m$，人的一根头发丝的直径相当于 6 万个纳米。纳米小得可爱，却威力无比，它可以对材料性质产生影响，并发生变化，使材料呈现出极强的活跃性。科学家们说，纳米这个"小东西"将给人类生活带来的震撼，会比被视为迄今为止影响现代生活方式最为重要的计算机技术更深刻、更广泛、更持久。

1.3.1 纳米科技的重要性

人们从宏观物质和原子、分子层面研究物质的性质、变化的过程中，曾经忽略了物质在纳米这个尺度范围的性能。而以前没有认识到的这个中间领域大量存在于自然界。纳米材料其实离我们并不远，在我们周围有许多自然形成的纳米材料，例如天然形成的陨石碎片、蛋白石、海洋沉积物等广泛存在自然界中的一些物质就是由纳米微粒构成的。在人类利用自然、改造自然的历程中也曾人工制备过许多的纳米材料。例如中国古代使用的墨，就是利用木材和蜡烛等燃烧后的细小的烟雾制成的炭黑，还有用于着色的染料以及纳米 SnO_2 颗粒构成的薄膜作为铜镜表面的防锈层等都是最早的人工制造的纳米材料，这些材料的使用历史起码在 1000 年以上。

20 世纪 50 年代，美国著名物理学家理查德·费恩曼（Richard P. Feynman）最早提出关于纳米技术的设想。1970 年以后，研究者们开始从不同角度设计和提出了大量纳米技术的相关构想。纳米技术的迅速发展是在 20 世纪 80 年代末 90 年代初。1982 年，扫描隧道显微镜（STM）的诞生，使研究者们可以在常温下和大气中清晰地看见原子，为人类揭开了微观世界的神秘的面纱，极大地促进了纳米科技的迅速发展。扫描隧道显微镜（STM）是 IBM 公司苏黎世实验室的两位科学家 H. Roher 和 G. Binnig 发明的研究纳米级微小粒子的重要工具，因为 STM 具有广泛的适用性和原子级的空间分辨率，全世界的研究焦点集中到了研制和应用 STM 的热潮之中。1990 年 7 月，随着"第一届国际纳米科学技术会议"在美国巴尔的摩召开，纳米科技正式诞生。

1.3.2 纳米材料的特性

纳米材料是由极少的原子或分子组成的原子群或分子群，纳米微粒具有壳层结构，其表面层占很大比重（见表 1.2），实际上纳米材料是晶粒中原子的长程有序排列和无序界面成分的组合，纳米材料有较大的界面，晶界原子比例为 $15\% \sim 50\%$。纳米材料的这些特殊的结构使其在力、光、电、声、磁等性能方面表现出与普通多晶体和非晶态固体有本质差别的一系列特点。

表 1.2 原子数与表面原子的比例

项目	原子数/个	微粒直径/μm	表面原子比/%
原子团簇	$10 \sim 10^2$	$0.6 \sim 1.4$	$100 \sim 96$
超细微粒	$10^3 \sim 10^4$	$3 \sim 7$	$60 \sim 30$
微粒	$10^5 \sim 10^6$	$15 \sim 30$	$14 \sim 7$
块状晶体	10^7	67	3

纳米级的系统介于微观（原子、分子）和宏观的尺度范围之间。从通常的观点看，这样的系统既非典型的宏观系统又非典型的微观系统，也可以说既具有宏观系统的特性又具有微观系统的特性。纳米级的微粒与宏观大块的固体物体相比，在热学、光学、力学、电学、磁学、化学活性以及反应动力学等许多方面显示出异乎寻常的特性。

纳米材料有以下几个方面的特性。

1.3.2.1 表面效应

随着纳米微粒尺寸的减小，微粒的表面原子数占总原子数的比例大幅度地增加，表面原子由于克服内部的作用力具有高的表面能及表面张力。纳米微粒表面状态的改变导致了其物理性能和化学性能的变化。这些由表面状态改变所引起的特殊的性能的现象称作表面效应。

纳米微粒的表面原子所处的晶体场环境及结合能与内部原子所处的晶体场环境有很大的不同，其原子轨道或分子轨道具有不饱和性，并存在许多悬空键，表面原子处于高能级的状态，因而与其他原子相结合的趋势明显，具有很高的化学活性，容易发生反应生成能量较低的化学键或生成较大的微粒降低势能，从而趋于稳定。具有高催化活性和产物选择性的催化剂就是利用这一特性制备的。

纳米微粒由于具有很高的表面活性，金属颗粒在空气中会迅速氧化而燃烧。如果将一些金属（如铝、铁或铜等）制备成纳米颗粒，当粒径小到几个纳米时，在空气中会发生激烈的化学反应——燃烧或爆炸。如要防止纳米微粒的自燃，可采用表面包覆降低反应活性或使其与氧化剂的接触缓慢，生成氧化钝化层，最终使表面稳定化，得到稳定性较高的微粒。

用纳米颗粒的粉体做成火箭的固体燃料将会有更大的推力，可以用作新型火箭的固体燃料，也可用作烈性炸药。

1.3.2.2 小尺寸效应

通常把一定条件下，由于纳米粒子尺寸的变小，引起其物理性质和化学性质突发性转变，从而导致的宏观性质的变化称为小尺寸效应。

（1）小尺寸效应超微纳米颗粒的不稳定性

纳米颗粒的表面稳定性与大块物体的表面稳定性是存在很大差异的。例如，对直径 2nm 的金属超微颗粒使用高倍电子显微镜观察时，纳米颗粒会随着时间的变化自动进行晶体形态的转变（如立方八面体、十面体、二十面体等），纳米微粒不再有固定的形态。它既表现出一般固体的性质，同时又表现出液体的液体。当尺寸大于 10nm 的微粒在电子束照射下，电子显微镜可观察到微粒表面原子似乎进入了沸腾状态，这时颗粒的结构体现出极大的不稳定性。

（2）小尺寸效应纳米微粒的熔点降低

由于纳米微粒尺寸小，表面原子数多，表面能高，纳米微粒的熔点比常规粉体低得多。纳米微粒间的作用力主要是一种非共价相互作用，纳米微粒的这些表面原子近邻配位不全，活性大。所以，纳米颗粒接受小得多的内能就可以熔化，这使得纳米粉体与大块固体相比熔点会急剧下降。以铅在常压下的熔点为例，20nm 球形铅的熔点低于 288K（大块铅的熔点为 300K）。

1.3.2.3　量子尺寸效应

由于纳米微粒的尺寸下降到一定值时，粒子的电子能级由准连续能级变为分立能级，吸收光谱向短波方向移动，导致波粒二象性的粒子性增强。这种现象称为量子尺寸效应。

对于宏观物体包含无限个原子，N（原子数）$\rightarrow\infty$，于是能级间距 $\delta\rightarrow 0$；而纳米粒子包含的原子数有限，N 值很小，能级间距增大，将发生分裂，这就导致纳米粒子热、电、光、声、磁以及其超导电性等特性不同，从而产生量子尺寸效应。例如，温度为1K时直径＜14nm 的银纳米颗粒会变成绝缘体。

1.3.2.4　宏观量子隧道效应

当发生物理化学变化时，需要反应物越过势垒才能进行变化，然而纳米微粒的总能量小于势垒高度时仍能穿越这一势垒。这样以隧道效应穿越宏观系统势垒而引起变化的现象就是宏观量子隧道效应。

纳米材料必将对社会的发展产生深远影响，制备出高质量纳米材料成为纳米材料的主要研究内容。控制颗粒的大小和均匀的窄的粒度分布是纳米粉体制备的关键。

1.3.3　纳米材料的应用

1.3.3.1　纳米材料分类

纳米材料广义上是三维空间中至少有一维处于纳米尺度范围或者由该尺度范围的物质组成为基本结构单元。纳米材料的大小处在微观原子簇和宏观物体交界的过渡区域。一般认为纳米材料应该包括2个基本条件：

① 材料的尺寸大小在 $1\sim 100$nm 之间；

②材料具有不同于常规尺寸材料的特殊的结构和物理化学特殊技术性能。

通常，纳米材料分为粒子尺寸为 $1\sim 100$nm 的纳米超微粒子和由纳米超微粒子制成的纳米固体材料。而人们习惯于把组成或晶粒结构在 100nm 以下的长度尺寸范围的材料称为纳米材料。

纳米材料按照不同的性质有着如下不同的分类。

（1）按结构分类

① 零维纳米材料。三维空间的尺度均在 $1\sim 100$nm 以内的材料，如纳米粒子。

② 一维纳米材料。在三维空间有一维在 $1\sim 100$nm 以内的材料，如纳米

线，纳米管。

③ 二维纳米材料。有两维处于 1～100nm 以内的材料，如超薄膜。

④ 三维纳米材料。把尺寸＜15nm 的超微颗粒在高压力下压制成型的致密性固体材料，从而使得纳米材料具有高韧性。

（2）按组成分类

按组成可分为金属纳米材料、无机粒子与有机高分子复合纳米材料、无机半导体的核壳结构纳米材料等。

（3）按材料物理性质分类

按材料物理性质可分为热电纳米材料、光学纳米材料、磁性纳米材料、半导体纳米材料、超导纳米材料等。

（4）按材料化学组成分类

按材料化学组成可分为纳米金属材料、纳米陶瓷材料、纳米玻璃材料、纳米高分子材料、纳米复合材料等。

（5）按材料的应用领域分类

按材料的应用领域可分为纳米光电材料、纳米生物材料、纳米医药材料、纳米储能材料、纳米环境修复材料等。

1.3.3.2　纳米材料制备方法

为了研究纳米科学和应用纳米科学的研究成果，首先要能按照人们的意愿在纳米尺寸的世界中自由地剪裁、安排材料，这一技术被称为纳米加工技术。

纳米材料的制备科学在当前的纳米技术研究中占据着极为关键的地位。人们一般将纳米材料的制备方法划分为物理方法和化学方法两大类。

（1）物理制备法

物理制备法是一类通过物理加工方法得到的具有纳米尺度结构的纳米材料的方法，其关键在于如何制备、如何控制纳米材料的尺度、结构和成分。

物理制备法包括很多种方法，主要介绍以下几种。

1）高能球磨法

高能球磨法是一种利用球磨机的振动或转动，使硬球对原料进行强烈的撞击、碾磨和搅拌，最终将粉末粉碎为超细微粒的方法。该方法被国内外研究者大量使用和改进，例如：DelBianco 等通过球磨法制得颗粒粒径大小达到

10nm 的纳米铁粉；Malow 等将通过球磨法产生的纳米铁压缩成紧密的样品；于 800K 时进行等温退火处理，获得颗粒尺寸在 15～24nm 之间的纳米铁微粒；1988 年，Shingu 等利用高能球磨法制备出了纳米 Al-Fe 合金。陈洪等用球磨法在不同的气氛（如 Ar、N_2 气氛）下制备出平均粒径尺寸为 7nm 的铁纳米微粒，并发现不同的球磨气氛对纳米铁晶界面组元的电子结构及磁结构造成的影响亦不同，结果进行对比后得出：Ar 气氛下球磨的纯铁，其纳米铁晶界面组元部分的超精细场增加，而 N_2 气氛下的超精细场减小，同时同质异能移位减小。江万权等将适量的表面活性剂与一定量微米级的铁粉混合均匀后，置于氧化锆球磨机中，选择合适的质量比（球/粉体），在一段时间的球磨后制得平均粒径为 50nm 的超微铁颗粒；等等。

2）深度塑性变形法

1994 年，由 Islamgaliev 等发展起来的深度塑性变形法是一种独特的纳米材料制备工艺。该方法指在准静态压力的作用下，通过材料发生严重的塑性变形从而实现将材料的晶粒尺寸细化到亚微米甚至是纳米量级的目的。1999 年，Rempel 等利用该方法在铜基体上制得一种超顺磁性的纳米铁微粒，并发现在 450K 下的退火中纳米铁微粒也随之从 2.8nm 增大到 3.3nm，同时亚微晶铜的晶粒从 128nm 长大至 150nm。

3）等离子体法

等离子体在惰性气氛下引起高温，在该状态下几乎可以制取任何一种纳米级的金属粒子，所以，该方法被广泛应用于纳米材料的制备过程中。在实验室中获得等离子的方法包括热电离法、光电离法、激波法以及射频、射线辐射法、直流、低频、微波气体放电法等。其中直流电弧等离子体加热制备法以其适用范围广、设备简单、易操作、生产速度快等优点而广泛应用于金属纳米粒子的制备。

Cui 等报道了采用 Ar＋H_2 电弧等离子体法制备纳米铁微粒的设备及工艺条件。郝春成等采用 Ar＋H_2 电弧等离子体法制备铁超微颗粒，在不同的温度下真空退火，通过透射电镜观察其形貌和粒径大小，所制备出的铁超微颗粒呈球形，平均粒 40nm 左右。张志琨等以氢电弧等离子体技术制备了多种金属纳米晶粒，如 Pd、Fe、Ni、Cu、Co 等。张现平等采用氢电弧等离子体法制备了碳包铁纳米粒子。

4）低压气体中蒸发法（气体冷凝法）

此种制备方法是在低压的惰性气体（He、Ar 等）中加热金属，使其熔融、蒸发后形成超微颗粒，这是目前用物理方法制备具有清洁表面的纳米粉体的主要方法之一。用气体蒸发法可获得较干净的超微颗粒。1984 年德国 Gleiter H 教授等首先将气体冷凝法制得的纳米微粒在超高真空条件下紧压致密得到多晶体。李发伸等在高真空（$2×10^{-5}$Pa 以下）的蒸发腔内通入高纯的 Ar（纯度为 99.99%），以难熔金属钼（Mo）为热源对金属铁进行加热蒸发，通入含微量 O_2 的 N_2（气体），对颗粒表面进行长时间的钝化处理，由此制成了呈球形的纳米铁颗粒，并对单个金属微粒的形貌和晶体结构进行了电镜和电子衍射研究，平均粒径为 10nm，且在空气中表现稳定，没有发生进一步的氧化。Sanchez-lopze 等采用此法制得平均粒径约 17nm 的纳米铁微粒。目前，日、美、法、俄等少数工业发达国家已实现了产业化生产。采用气体蒸发法制备的纳米金属粒子已达几十种，如 Al、Mg、Zn、Fe、Co、Ni 等。

（2）化学制备法

化学制备法是一类通过化学方法得到的具有纳米尺度结构的纳米材料的方法，化学制备法包括很多种方法，主要介绍以下几种。

1）溶胶凝胶法

从 20 世纪 60 年代发展起来的一种制备陶瓷、玻璃等无机材料的新方法，叫作溶胶凝胶法。该法的原理是将分散相，即纳米材料的前驱体与聚合物基体混合并溶于共溶剂中，通过水解和结合使前驱物形成凝胶状，后干燥得到的纳米材料。此法得到广泛的应用主要是因为其具有以下两大优点：

① 操作较为简单。可制备传统方法难以甚至不能制得的产物。

② 条件要求一般。在低温下便可制备粒径分布均匀、纯度高、化学活性大的单组分或多组分分子级混合物。

2）微乳液法

油滴在水中或透明的水滴在油中所形成的分散质点直径为 5～100nm 的单分散体系就叫作微乳液。微乳液结构中聚集分子层的厚度或质点大小都接近纳米级，因此为制备纳米材料的过程提供了有效的反应器。

3）热分解法

热分解法是用化学方法合成金属纳米粒子中应用最频繁的一种方法，整个过程中首先将金属纳米粒子的前驱体引入反应器；然后在一定温度下使其发生热分解反应；最后形成一定粒径范围的金属纳米超细微粒。值得解释的是，一般情况下热分解反应的前驱体是一类易于分解的金属配合物，例如金属有机配合物或是金属羰基化合物等。

该法制备金属纳米微粒最典型的例子是在一高沸点溶剂中，$Fe(CO)_5$ 进行热分解反应而得到 Fe 纳米微粒。

柳学全等以羰基铁为原料制备了粒径范围为 6～26nm 的纳米级球状铁微粒。赵新清等通过激光气相热分解法制备出了球状的 α-Fe（粒径为 15～30nm）和 γ-Fe（粒径为 30～100nm）的颗粒。刘思林等发表了通过改变 $Fe(CO)_5$ 的蒸发温度、热分解温度和稀释比，即在单位时间内 $Fe(CO)_5$ 产生的蒸气量与稀释气流量的加载气流量之比，可以有效控制所制备纳米铁微粒的平均粒径范围，同时探讨了在反应中添加表面活性剂对微粒平均粒度的影响，最后指出在热分解条件待定和适宜表面活性剂选择的情况下是可以制备平均粒径小于 10nm 的铁微粒的。

4）沉淀法

沉淀法是指在可溶性盐溶液包含一种或多种离子，当加入沉淀剂后，或在一定温度下使溶液发生水解形成不溶性的水合氧化物、氢氧化物或盐类，并从溶液中析出，洗去溶剂和溶液中原有的阴离子，最后经脱水或热分解即可得到所需的氧化物粉料。

沉淀法包括水解法、共沉淀法、均匀沉淀法等。

① 水解法是指在金属盐溶液水解后，沉淀出的水合氧化物或氢氧化物经热分解后会得到氧化物粉末。

② 共沉淀法是指在将沉淀剂加入含多种阳离子的溶液中后，所有离子便完全沉淀。

③ 均匀沉淀法则是指由于沉淀过程一般是不平衡的，所以如果能够控制溶液中的沉淀剂浓度使之缓慢地增加，则可使溶液中的沉淀处于一个平衡状态，且在整个溶液中能均匀地出现沉淀。

5）还原法（气相、固相、液相）

① 气相还原法一般是在高温下蒸发 $FeCl_2$ 等铁盐，于气相中用 H_2 或 NH_3 作为还原剂来制备超细铁粉。曹茂盛等通过用热管炉热解 $FeCl_3$ 的气相

还原法，以 H_2 和 NH_3 为还原剂制得了球状的 α-Fe 纳米颗粒，此方法能得到高纯、单相、均匀、球状的纳米级 α-Fe 超细粉末。

② 固相还原法一般指的是在 H_2 气氛下，将 $FeC_2O_4 \cdot 2H_2O$ 的前驱体或铁的氧化物分解、还原来制备超细铁粉。曾京辉等在化学共沉淀法中乳化剂 PG 的参与下，从 $FeSO_4$ 溶液中沉淀、析出 $FeC_2O_4 \cdot 2H_2O$ 作为前驱体，后经热分解、H_2 还原和表面钝化灯处理，制备出长径约 50nm，轴比为 $1\sim3$（长短径比）的椭球或短棒状 α-Fe 金属磁粉。1996 年，Santos 等通过该法从含 $FeSO_4 \cdot 7H_2O$ 和 $Al(NO_3)_3 \cdot 9H_2O$ 的水溶液中制备得到纳米 α-Fe-Al_2O_3 的复合体，其铁含量为 $20\%\sim62\%$（体积比），后再经热处理以及 H_2 还原制得平均粒径范围为 $50\sim80$nm 的纳米铁微粒。

③ 液相还原法是在强还原剂的作用下将溶液中金属铁盐（Fe^{2+}、Fe^{3+}）还原为单质金属铁，1997 年，Wang 等用过量的 $NaBH_4$ 与 $FeCl_3$ 反应，还原制得的铁颗粒中有 90% 属于纳米级尺度的范围内。赵斌等则以聚乙烯吡咯烷酮（PVP）为分散剂，甲苯为溶剂，三乙基硼氢化钠为还原剂，选择铁、铬混合盐作为原料成功制得平均粒径约为 50nm 的 Fe-Cr 颗粒。

1.3.3.3 纳米技术

纳米技术是 20 世纪 90 年代初迅速发展起来的，在 $1\sim100$nm 的尺度范围内研究分子、原子和电子内的运动规律和新特性的一项崭新技术。然而，如果没有特殊的结构和性能表现的单纯纳米材料还不能称为纳米技术。如香烟的烟灰粉末或自然土壤中存在的纳米粉末，虽然它们也能够达到 100nm 以内的尺度，但是，因为它们没有特殊的结构和技术性能表现，所以这些不能归入纳米技术的范畴。

纳米科技与基因工程和智能科技一起被称为"21 世纪高科技三剑客"，在 21 世纪初正式登上世界经济舞台。纳米科技的兴起，孕育了一个新的经济模式——纳米经济的诞生。

2004 年 1 月 12 日，由中国科学院组织 528 名院士投票评选出来的 2003 世界十大科技新闻揭晓。其中，排名第一的新闻就是科学家研制出世界最小的纳米电动机。21 世纪纳米技术将推动信息、医学、自动化及能源科学的迅速发展。

在以后的几十年，纳米技术将在社会生产途径、人类生活方式、人们思维模式等方面，对人类生存的方式和社会发展产生深远的影响。

1.3.4　纳米材料在环境领域的应用及研究现状

纳米技术和环境保护都是短短几十年的发展历程，纳米技术的特点就是学科交叉应用性强，由于其具有的功能特性，纳米环保技术也迅速地发展起来。环保技术依靠纳米技术拓展了人类开发、利用和节约资源的能力，也增强了人类保护环境的能力，为从源头上控制新的污染源和彻底改善环境创造了条件。当前，纳米材料在环境领域中的作用已成为广泛研究的前沿课题。

1.3.4.1　纳米材料在污水处理方面的应用及研究现状

污水的治理一直是环境治理中的难题。这是因为污水中通常含有的污染成分复杂多样，既有无机物又有有机物，还有生物细菌、病毒等。污水通常包含多种重金属离子、有机污染物、异味污染物、悬浮物、泥沙等多种成分。因此，污水治理的目的就是将各种污染物从水中分离、去除或降解为无毒无害的物质。传统的水处理方法有氧化沟、生物活性污泥、过滤、离子交换、絮凝、膜处理等，这些方法具有成本高、效率低、处理效果不理想、存在二次污染等问题。例如，在污水中的贵金属离子如金、钌、钯、铂等流失后不但是水资源的浪费和金属资源的浪费，而且它们对人体极其有害。传统的水处理技术很难在不形成二次污染的条件下回收利用这些重金属。如今利用纳米技术可以将污水中的这些贵金属完全提炼出来，变害为宝。所以，纳米技术的发展和应用为较为彻底解决这一难题提供了希望。

例如，纳米 TiO_2 是一种金属氧化物纳米材料，利用它对污染物降解主要是依据纳米微粒的特殊的电子结构，在光激发下它们能产生电子和空穴，具有较高的表面效应和反应活性，可以通过氧化或还原的途径最终使污染物完全转变为 CO_2、H_2O、毒性小或无毒的无机离子和有机物等。在处理有机磷农药的研究中，有文献采用纳米负载光催化剂（TiO_2 和 SiO_2），其处理特点是可以迅速富集并使有机磷农药迅速分解。在处理毛纺染整废水时，改进传统方法中的填料，在填料表面涂覆纳米 TiO_2 同样达到处理后的产物无毒或毒性小的目的，效果明显优于传统方法。在 TiO_2 光催化剂应用于水净化的研究中，改用将 TiO_2 高催化活性的薄膜烧结固定在陶瓷蜂窝体中进行光催化分解，利用纳米 TiO_2 光催化氧化技术、纳滤膜技术和纳米吸附材料等吸附去除水中有机物、有害离子，能使 3-氯酚的去除率达到 100%。利用层状黏土能够碎裂成纳米尺寸的结构微区，制备有代表性的纳米复合材料层状黏土矿物、溶胶-凝胶法合成高比表面积纳米 Al_2O_3、采用多壁碳纳米管（MWNTs）对水中三氯苯（TCB）的 3 种同分异构体进行吸附试验、铁纳米颗粒对环境金属离子污染物的消除等。纳米复合材料层状黏土矿物对磷酸根、苯酚、2-硝基苯酚、3-硝基苯酚和 4-硝基苯酚的去除效果研究表明，纳米 Al_2O_3 粉末吸附水中的重金属离子和氟等有害阴离子，纳米净水剂采用吸附并沉淀原理，去除水中的泥沙、铁锈以及异味等污染物。碳纳米管在水处理过程中，经过化学氧化处理和碳纳米管与磁性金属氧化物接合，能显著增强对水中无机物重金属的吸附。

大量研究表明，一些金属（如 Ag、Mo、Au、Fe、Cu、W、Ta、Al 等）、金属氧化物（如 FeO、Fe_2O_3 等）以及双金属氧化物（如 FeO/PtO、FeO/PdO 等）制备的纳米材料可作为良好的纳米抗菌材料，在水处理过程中，这些纳米材料作为氧化还原剂、抗菌杀菌剂或吸附剂时不会产生传统试剂的副作用，即不会产生有毒有害的二次污染的消毒副产物。例如，Sondi、Lok、Son 等的研究显示，由于银本身具有杀菌消毒作用，纳米银不仅可以高效地杀灭污水中常见的细菌而且可以抑制细菌的繁殖。纳米银已成为应用于生物废水处理研究领域的最广泛的材料之一。

1.3.4.2　纳米材料在废气治理方面的应用及研究现状

大气污染越来越成为全世界急待解决的问题，尤其近年来雾霾的影响，使得人人"闻霾色变"。纳米技术中利用纳米材料表面能高的特点，可以把一些有表面催化性能的化合物制成催化效率高的催化剂。例如，利用 $CoTiO_3$ 负载到 Al_2O_3 陶瓷载体或多孔硅胶上开发出可应用于炼油脱硫工艺的石油脱硫催化剂，能有效降低石油中的硫含量，而且催化效率很高。应用这类催化剂可以对石油中的硫进行催化脱硫，处理后硫的含量＜0.01％。因而，在燃煤过程中，为了使煤充分燃烧，开发纳米级助烧催化剂，不但可以提高能源的利用率，而且能有效防治有害气体的产生。汽车尾气催化的应用中，由于极强的还原性，纳米级催化剂使汽油燃烧时燃烧充分，不再产生氮氧化物、一氧化碳和一氧化硫等污染物，无需再进行尾气净化处理。复合稀土化合物的纳米级粉体也可以作为汽车尾气净化催化剂。例如，纳米 $Zr_{0.5}Ce_{0.5}O_2$ 粉体可以把 CO 和 NO_x 转化为无毒的二氧化碳和氮气，不生成一氧化碳和氮氧化物等对人体和环境有害物质。纳米 TiO_2 对室内空气中的甲醛、甲苯等有机污染物有很好的降解效果，能够降解完全，还可杀菌除臭，是净化空气的优秀的材料。

1.3.4.3　纳米材料在固废处理技术方面的应用及研究现状

纳米材料的应用领域广泛，除应用与废水治理、废气治理，还应用于城市固体垃圾的回收和处理。另外，利用纳米技术可以将废物中的异物制成超微粉末，实现再生原料的回收利用。例如，当前的汽车工业、电子产品和有机化工的飞速发展带来了相关的多种固体废物，如塑料制品、橡胶制品、废印刷电路板等，可以利用纳米技术实现分离、回收利用，从而可以缓解大量生活垃圾给城市环境带来的污染。

纳米技术被称为 21 世纪的前沿科学，将从技术、原料和清洁生产等多个方面为环境保护提供切实可行的支持，因此利用纳米材料和纳米技术解决日益严重的环境污染问题将会成为未来环境保护发展的必然趋势。

1.4　纳米零价铁在环境修复中的研究现状

1.4.1　铁在环境修复中的应用

铁（Fe），原子序数 26，熔点 1535℃，银白色金属，有延展性。铁的核外电子排布为 $3d^6 4s^2$，铁由于其 3d 轨道的成键特点，易形成 $3d^5$ 的半充满状态，是较强的还原剂。在常温下，在水中可以与氢离子缓慢反应置换出氢，但在干燥空气中与氧气的反应难以进行。铁在地壳中含量丰富，也是人体必需的元素之一，在人体血红蛋白中承担输送氧气的作用。因此利用铁对环境中污染物进行治理不会产生二次污染。

铁单质的去污机理包括以下 3 个方面的作用。

1.4.1.1　微电解作用

铁有很好的电化学性质。其在电极反应的产物包括新生态的 H（活性原子）和 Fe^{2+}，由于较强的反应活性，在废水中它们能与很多其他的组分发生氧化还原反应，也可有效地降解链状结构的染料分子，将大分子物质分解成小分子的中间体，使染料的助色基团或发色基团从分子上断裂进而失去发色能力，将一些难于生化降解的化学混合物变成易进行生化降解的物质，从而有效提高水的可生化性。

1.4.1.2 混凝吸附作用

当处于酸性的环境中，废水处理时会产生的大量的 Fe^{2+} 和 Fe^{3+}，将其 pH 调至碱性并伴随有氧存在时，则能够形成 $Fe(OH)_2$ 和 $Fe(OH)_3$ 的絮状沉淀，其中 $Fe(OH)_3$ 还可被水解成为 $Fe(OH)^{2+}$、$Fe(OH)_2^+$ 等具有很强絮凝性能的络合离子。通过这种方式，废水中原有的悬浮废物以及通过微电解作用所产生的不溶物和构成色度的不溶物均可以被吸附并凝聚，进而达到净化废水的目的。

1.4.1.3 铁的还原作用

铁属于一类活泼金属，具有很强还原能力，所以在偏酸性水溶液中可以直接将染料还原成氨基有机物，而产生氨基有机物后颜色变淡且易被氧化和分解，故可达到降低废水中色度的目的；另外，存在于废水中的一些重金属离子同时也可以被还原出来，其他一些氧化性较强的化合物或离子则可以被铁还原成毒性较小的化合态。

铁还原菌能够以 Fe^{3+} 为电子受体原位净化被有机物污染的环境，利用铁还原菌的这一特性可以开发厌氧生物修复技术。而且铁在地球上含量丰富，铁还原菌是一个种类繁多、数目庞大的种群，利用铁还原菌开发原位生物修复技术是国内外研究的热点。Loviye 指出，在铁还原菌存在下，淡水沉积物中难降解的有机污染物，如甲苯、苯等能够被 Fe^{3+} 还原降解。Stueki 指出，通过研究铁固定钾离子和农药残留量与氧化铁的关系，说明铁的还原性质对农药的降解有积极的影响，利用铁的还原性质对土壤的净化修复可能成为土壤净化的一个新的有效途径。

总之，利用金属铁本身的优良性质来还原降解水体中或是土壤中的污染物是一项很有发展前途的技术，在一些发达国家已被深入研究并已被广泛应用于污染的治理和环境的修复。众所周知，使用单质铁作为环境修复的材料不但成本低廉，而且不会产生二次污染。因此，利用铁对土壤和水中重金属离子的还原固定研究具有理论意义和良好的现实意义。

1.4.2 纳米零价铁在环境修复中的研究现状

纳米零价铁是指粒径在纳米尺度范围内的铁的超细粉末。在该粒径范围内，由于小的尺寸（介于宏观的常规细粉和微观的原子团簇之间的过渡区域）、大的比表面积，其表面原子的原子轨道具有不饱和性，并存在许多悬空键，故其呈现出表面活性强、还原性强、在有氧的环境中极不稳定的性质。因此，纳米零价铁粉体具有廉价、高还原势和反应速度快的特点，在地下水的污染修复中具有比普通铁粉更独特的优势。

目前，利用纳米零价铁作为环境修复介质的研究已成为一个热点。国内外利用纳米零价铁（ZVI）对土壤和地下水污染整治进行了大量的研究。研究表明，纳米零价铁作为一种对环境无害且还原性较强的还原剂，通过还原、微电解、生成的氢氧化物吸附和絮凝、混凝等作用，大多数情况下是几种过程同时作用，能有效地处理废水中的污染物。纳米零件铁已被应用于水中溶解性有机氯化物的有效还原脱氯，消除六价铬和高氯酸盐，还原固定硝酸盐脱硝以及还原去除水中的硝基苯类化合物和多种重金属污染物离子的诸多污染物的降解和固定领域。尤其近年 Zhao 等在纳米零价铁在土壤和地下水中原位污染修复方面做了大量的研究。纳米零价铁在野外实验中原位固定污染物的示意如图 1.3 所示。因此，纳米零价铁材料在环境水污染的治理方面显示出了独特的性能和功效。

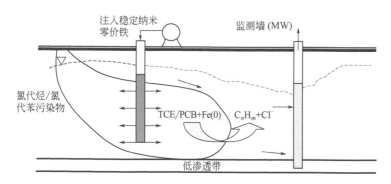

图 1.3　纳米零价铁在野外实验中原位固定污染物示意

由于纳米零价铁微粒间静磁力的影响，在反应中会聚集成团，且极易发生氧化，从而造成反应活性的降低，因此在制备和使用时都必须严格隔绝 O_2，现用现制，保证其具有好的表面效应。这导致了纳米零价铁的使用不方便、代价高等不利于大规模使用的结果。因此，要想实现实际的应用就需要获得高质量的、稳定的纳米材料，而实现这个目标的关键因素在于控制粉体的质量以及批量生产的稳定性和可行性的制备方法。

稳定的纳米零价铁适用于土壤和地下水中污染突发事件的快速应急处理。对于一些在土壤中迁移缓慢、自然降解速率慢的污染物来说，例如一些半衰期为几十年甚至万年以上的核废物，需要能够长期在地下环境中稳定存在并发挥还原固定作用的材料作为地质屏障。

1.5　黄铁矿在环境领域应用及研究现状

1.5.1　黄铁矿的应用现状

黄铁矿是铁与硫的化合物，化学成分为 FeS_2，呈铜黄色，强金属光泽，常被误认为是黄金，故又称为"愚人金"。天然黄铁矿的晶体排列规则、整齐，常以立方体的晶体形式存在，也有较少的呈现为八面体。天然黄铁矿是铁的硫化物矿物，具有在自然界分布广泛的特点，其集合体呈粒状、球状、致密块状或浸染状，少数呈煤烟状。绝大多数的岩石类型中都或多或少地存在各种各样的黄铁矿。

我国黄铁矿的矿床非常多，不但在全国各地的空间分布广泛，而且矿物储量居世界前列。另外，黄铁矿是许多金属矿的伴生矿，在尾矿中含量很大，尾矿中的黄铁矿会对周围环境形成污染，因此黄铁矿的有效利用还是一项尾矿利用的环保举措。

黄铁矿主要用于制造硫酸，部分用于生产硫黄及各种含硫化合物等。黄铁矿在氧化环境中易发生氧化反应，但在地下无氧状态下性质稳定，可长期存在。近些年来，人们发现利用天然矿物进行环境污染治理的应用具有高效性、经济性、安全性和变废为宝的特点。因此，环境保护的研究领域对一些天然矿物在处理重金属等污染物过程中所表现出的优越性倍加青睐，并逐渐发展成了环境矿物材料研究的方向。黄铁矿大量存在于有色金属矿山上，处理废水时表现出良好的还原性，是治理重金属污染物的天然净化剂。黄铁矿具有来源广泛，处理工艺简单，价格低廉，效率高及开发应用前景好等特点。

1.5.2　黄铁矿在环境领域的应用及研究现状

黄铁矿作为自然界大量存在的天然物质，尤其在我国矿床丰富，一些矿石经常暴露于自然风化环境中，缓慢产生二氧化硫等污染物，对环境形成不良影响。因此，把黄铁矿用作廉价的吸附和还原材料可以在废物处理处置中起到很好的效果。黄铁矿在废水处理中达到了净化水质的作用，受到国内外研究者的关注。用天然的或合成的黄铁矿作为环境修复介质的研究已成为一个热点。研究表明，黄铁矿是一种优良的吸附剂和还原剂，可直接用来在废水中吸附 Hg、Cd、As、Cr、Pb、Zn 等重金属，也可先经过预处理与其他方法联合使用。黄铁矿在酸性溶液中发生氧化后，主要是以 S^{2-}、SO_4^{2-}、Fe^{2+}、Fe^{3+} 等离子的形式存在。黄铁矿在溶解过程中与重金属可能发生氧化还原反应，并且 S_2^- 可与重金属离子结合生成难溶硫化物、SO_4^{2-} 可与一些重金属离子形成难溶性的硫酸盐沉淀；另一方面，在环境酸度偏高时，铁在 pH 值大于 4.0 的时候开始水解，产生絮凝沉淀又进一步促进重金属离子的吸附沉淀。因此，黄铁矿的环境净化属性随着环境条件改变可能表现出非常优越的潜在价值。另外，黄铁矿中含有一定量的碳酸盐，碳酸盐可看作是一种天然的缓冲剂。由于碳酸盐在溶解时会消耗部分酸，可以抑制黄铁矿在溶解时酸性越来越强的 pH 变化，一定程度上使废水 pH 值升高，这很好地解释了黄铁矿处理酸性重金属后的溶液均趋近中性，处理过程中无需外加碱的实验现象。正是由于碳酸盐的存在，在无氧的地下水中处理重金属的过程成为自然的碱化过程，铁、铝的絮凝吸附作用会随着这一碱化过程发挥吸附沉淀的作用，非常有利于重金属离子的处理。

近几年，越来越多的人致力于黄铁矿对重金属的净化的研究，尤其是废水中重金属的处理。黄铁矿作为一种还原固定废水中重金属的环境矿物材料，在污染治理和环境修复上发挥了特有的作用，例如，用黄铁矿对废水中 $Cr(Ⅵ)$ 还原处理时，可将 $Cr(Ⅵ)$ 缓慢转变为 $Cr(Ⅲ)$ 的氧化物、氢氧化物和硫化物沉淀转移到胶体沉淀物中，节省了传统化学（沉淀）法中加入氧化铁、硫化物等化学药剂的过程，可以降低成本，减小水质 pH 值变化，改善产生二次污染的问题，且对 Pb^{2+}、Hg^{2+}、Cd^{2+}、Cr^{6+}、Cu^{2+}、Tl^+ 及硝基苯等表现出良好的去除效果。文献报道了酸性条件下天然黄铁矿在热液中和氧化氛围中的溶解和反应特性。在有氧环境下，天然黄铁矿黄铁矿主要氧化为 Fe^{3+} 和 SO_4^{2-}，体现出较强的还原能力。

研究者通过分析吸收光谱考察黄铁矿处理含 $Cr(Ⅵ)$ 废水的机理表明，从化学的角度看，黄铁矿 Fe^{2+} 和 S^{2-} 都可以与 $Cr(Ⅵ)$ 发生氧化还原反应，通过吸收光谱分析，证明在黄铁矿处理含 $Cr(Ⅵ)$ 酸性废水时，存在 $Cr_2O_7^{2-} →$

Cr^{3+} 的还原过程。通过利用光电子能谱（XPS）对反应后的系统进行分析，表明存在物种 $Cr(OH)_3$。因此，黄铁矿处理重金属废水的主要一步是 $Cr(Ⅵ)$ 与溶解的 Fe^{2+} 和 S^{2-} 发生反应，生成的 Cr^{3+} 再以 $Cr(OH)_3$ 形式被黄铁矿吸附或 S^{2-} 与重金属离子反应生成难溶硫化物直接沉淀。

天然黄铁矿主要为 NaCl 型晶体结构，以共价键结合，晶体稳定性较好，反应活性较低。在高放废物处置库近场中，也有文献报道利用天然黄铁矿形成和维持还原性环境。这是因为黄铁矿常见于各类岩石中，黄铁矿还是许多铀矿的伴生矿床。花岗岩是我国候选的高放废物处置库围岩之一，高放废物处置库近场中所用来屏障的主要材料是花岗岩。研究表明，在高放废物的地质处置库中，花岗岩裂隙可成为高放废物中核素迁移的主要通道。天然黄铁矿与花岗岩矿物组成不同，其中的 Fe 和 S 都处于低氧化态，尤其是 S 具有更强的还原性。因此天然黄铁矿容易在氧化环境中被 O_2、H_2O_2 等氧化剂氧化，再加上天然黄铁矿晶体结构的稳定性使其符合由于核素半衰期长而需要屏障材料能长期稳定存在的要求。所以，黄铁矿可以通过还原、吸附等方式对核素迁移发挥阻滞作用，有利于高放废物的安全处置。

研究表明，在甘肃北山地下水中利用钴源辐照装置研究黄铁矿的稳定性时，与地下水共同辐照以后，其晶体结构和化学组成基本上没有发生变化，其表面的性质可间接受到地下水辐解产物的影响。在黄铁矿维持地下处置库近场的还原性环境的作用显示，黄铁矿可以较好地消耗地下水辐解产生的氧化性产物，减弱其扩散和迁移能力。然后，处于地下水中的黄铁矿表面氧化物杂质在接受放射性射线的辐照后又会很容易被清除掉，恢复其原有的表面活性，可以使黄铁矿的吸附还原高氧化态核素种态的能力进一步增强。这对促进高价态核素污染物的还原、维持地下处置库近场的还原性环境是非常有利的。

因此，把诸如黄铁矿一类的还原性矿物加入高放废物地质处置库的回填材料中，或在选取处置库围岩作为工程屏障介质时就选择富含黄铁矿的岩体放入近场处置库中，可以实现有效阻止一些放射性核素的迁移和扩散，增强处置库的长期安全性，实现对高放废物长期屏障的目标。

1.6 主要内容及意义

近年来，纳米技术在环境污染治理中的应用已成为一个新兴课题。纳米材料的比表面积大，表面活性中心多，具有较强的吸附能力和反应活性。利用纳米技术解决环境污染问题已成为环境保护和治理重要途径。

1.6.1　主要内容

锝和铼的离子状态与重金属铬、锰的离子状态相似，都是在高价态的离子具有较强氧化性，易溶于水，随着地下水在土壤中的迁移速率较快；被还原后的低价态的离子可生成沉淀，容易被固定。在国内外的研究中，黄铁矿和铁是常用作还原固定 $Cr(Ⅵ)$ 等重金属的材料，表现出良好的还原作用，而且它们在自然界大量存在，不会引起生态环境的二次污染。所以本书选定纳米零价铁和纳米级天然黄铁矿作为还原材料。

多相系统进行反应时，尽可能大的接触面积是关键，当然，如果把铁和黄铁矿做成溶液，接触面积的问题会比较好解决，但是我们对高铼酸根的固定研究来说还原材料需要满足下列要求：

① 透水性低。减缓地下水与放射性废物的流速；

② 自身不随水流移动。对放射性废物有一定的还原固定能力；

③ 具备稳定性和抗辐射性。由辐射造成的温度和能量等变化不会引起缓冲材料的失效，且部分核素半衰期很长，屏障材料需要很长的寿命；

④ 在自然环境中化学性质稳定；

⑤ 来源广泛且价格优惠。

纳米零价铁反应迅速、彻底，可作为对锝污染物的应急处理，而黄铁矿以其较高的化学稳定性可作为锝污染物长期屏障的材料。

本书主要内容包含以下几个方面。

（1）纳米零价铁的制备及机理探讨

通过液相还原法，实验探索制备分散性好、性质稳定、适用于还原固定 $Re(Ⅶ)$ 的纳米零价铁的方法。对比在不同有机大分子参与下制备的产物形态，对不同实验条件下所制得的纳米零价铁粉进行表征、分析，对反应机理进行探讨。

（2）纳米级黄铁矿的制备及机理探讨

通过对传统黄铁矿粉末的高能球磨制备法进行改进、优化，制备机械活化的天然黄铁矿粉末，探索其活化原理、分散原理以及不同条件下的反应产物特征。得出更适于还原固定 $Re(Ⅶ)$ 的一种稳定的纳米级黄铁矿，对反应机理进行探讨。

（3）纳米零价铁和纳米级天然黄铁矿还原固定 Re（Ⅶ）的效果及机理探讨

当前，黄铁矿和纳米零价铁还原固定土壤和水中的重金属离子的反应机理和动力学规律尚不明确。本书依靠纳米零价铁微粒和黄铁矿粉的投加量、ReO_4^- 的初始浓度、分散剂、溶液的初始 pH 值以及温度对反应的影响等实验数据，然后以批实验和柱实验对铼的原位还原固定进行研究。结合热力学和动力学原理对实验数据进行分析，探讨反应规律和反应机理，从而为进一步还原固定放射性核素 Tc 提供理论基础和实验依据。

1.6.2　意义和作用

核工业的快速发展带来的核废料的处理处置难题引起了全世界的关注，也成为国内外研究的热点，尤其易于迁移扩散的核废物的处理更是研究重点和难点，切尔诺贝利和福岛核事故更加剧了人们的恐慌和对核污染的广泛关注。一些工业发达国家和核大国面临着生态环境受核废物危害的潜在性威胁。因此，高放废物处置的安全与否成为各国政府高度重视和公众十分关注的问题，也成为核能是否能够可持续发展的技术瓶颈。因此，一些迁移速率快、半衰期长的放射性金属离子的治理显得尤为重要，如何将核电站或核废物处置库中潜在的放射性核素进行固定，使其不进入或者晚进入人类生存环境中已成为全世界各国研究的热点。

锝（Tc）是核反应堆主要的裂变产物之一，裂变产额高（6.13%），半衰期长（$2.1×10^5$ 年）。Tc 在土壤或地下水里以稳定的无色的 TcO_4^- 形态存在，易溶于水，极易随着地下水在环境中发生迁移，不易被矿物质和沉积物吸附固定，难以用常用的吸附等方法将其固定。对于放射性核废物锝来说，以 1000MW 核电站排放 20kg 以上的 99Tc 核废物为例，以普通人允许每年可以接受的辐射量为标准，储存 100 万年后，仍然是允许剂量的 3000 多倍。而上述核废物若直接外排，需要消耗 $3.0×10^7$ t 水稀释以后才能符合环境标准的要求，但这不仅是不科学的也是做不到的。所以，放射性废物处置场需要能够长期相对稳定存在的还原物质来阻隔高锝酸根进入生态环境，妥善地处理被排放到环境中的锝，具有很重要的现实意义。

通常，对于高放废物的研究采用其非放射性的同位素来替代研究。但是，锝的同位素都具有放射性，当前研究者们基于铼与锝特殊的性质相似性常利用铼进行模拟研究锝的化学行为或规律。由于铼和锝核外电子排布和在反应中成键的分子轨道非常相似,在水溶液中都易形成 MO_4^-,易被还原成难溶的 $MO_2 \cdot nH_2O$ 沉淀,不再随地下水在土壤中迁移。铼和锝的标准电极电势分别为 0.51V 和 0.74V,从热力学角度分析,能够还原高铼酸根就必然能够还原高锝酸根。本书从元素性质、实验结果、反应机理以及氧化还原电位等方面进行了论证,结合文献的研究确定了以 Re(Ⅶ) 还原固定的结果模拟研究高放核废物中 Tc(Ⅶ) 的还原固定结果。

原位还原固定是在不破坏土壤基本结构的情况下,被污染土壤不经搅动或移动,在原位和易残留部位进行的还原固定。本书以纳米材料的环境修复技术为研究方向,对纳米零价铁和纳米级黄铁矿对 Re 的原位还原固定进行研究,探索对环境安全领域的核废物的原位还原固定反应和机理,是典型的学科交叉研究。利用黄铁矿和铁的纳米级粉体对 Re 的反应以及机理研究还未见报道。

本书意义可归纳为以下两个方面:

① 本成果对高铼酸根的原位还原固定的研究结论可以作为实际问题中处理处置核废物中锝的参考和依据,具有重要的理论意义和参考价值。

② 本成果利用纳米零价铁和纳米级天然黄铁矿对 ReO_4^- 进行原位还原固定的研究结果将对铼的回收利用具有重要的参考价值。

本成果利用自然界广泛存在的铁和天然黄铁矿制备纳米材料,然后采用不同于通常吸附和沉积的原位还原固定方法,以批实验和柱实验的手段研究纳米零价铁和纳米级天然黄铁矿对高铼酸根的还原固定效果以及反应的内在规律,为核废物中锝的处理处置和稀有金属铼的回收利用提供理论依据。

总之,研究纳米材料对环境安全领域的核废物进行原位还原固定的反应和机理,将拓展纳米材料环境修复研究的领域。结果将进一步增加人们对核废物的原位还原固定的认识程度,为核废物的实际应急处理和长期屏障以及重金属污染防治提供理论依据。

参 考 文 献

[1]　朱欢 . 核素在包气带中迁移的数值模拟研究 [D]. 西安:长安大学,2011.

[2]　叶奇蓁 . 从"福岛第一核电站事故"看我国核能利用的核安全 [J]. 物理,2011,40 (7):427-433.

［3］ 马俊彪，韩买良. 核电站废料处理技术 ［J］. 华电技术，2009，31（12）：70-72.

［4］ 王驹，苏锐，陈伟明，等. 中国高放废物深地址处置 ［J］. 岩石力学与工程学报，2006，（25）：4-6.

［5］ Tianwei Qian，Qian Guo，Fanrong Chen，et al. Migration of Sr，Nd and Ce in Unsaturated Chinese Loess under Artificial Sprinkling Conditions：A Field Migration Test ［J］. Water，Air，and Soil Pollution，2004，159（1）：139-150.

［6］ Qian Tianwei，Tang Hongxiao，Chen Jiajun，et al. Simulation of the Migration of ^{85}Sr in Chinese Loess under Artificial Rainfall Condition ［J］. Radiochimica Acta，2001，89：403-406.

［7］ Wildung R E，Mcfadden K M，Garland T R. Technetium Sources and Behavior in the Environment ［J］. Journal of Environmental Quality，1979，8（2）：156-161.

［8］ Tagami K，Uchida S. Analysis of Technetium-99 in Soil and Deposition Samples by Inductively Coupled Plasma Mass Spectrometry ［J］. Applied Radiation and Isotopes，1996，47（9）：1057-1060.

［9］ Stephan H，Gloe K，Kraus W，et al. Binding and extraction of pertechnetate and perrhenate by azacages ［J］. Radioanal Nucl Chem，2004，242：1-18.

［10］ 李宽良，李书绅，赵英杰，等. 核废物处置地球化学工程屏障研究 ［J］. 成都理工大学学报（自然科学版），2004，31（2）：83-189.

［11］ Jurisson S，Lydon J. Potential Technetium Small Molecule Radio pharmaceuticals ［J］. Chem Rev，1999，99：2205-2218.

［12］ Blower P，Prakash S. The Chemistry of Rhenium in Nuclear Medicine ［J］. Perspectives on Bioinorganic Chemistry，1999，4：91-143.

［13］ Nakashima T，Lieser KH. Proton Association of Pertechnetate，Perrhenate and Per-chlorate Anions ［J］. Radiochim Acta，1985，38：203-206.

［14］ Wooyong Um，Chang Hyun-Shik，Jonathan P，et al. Immobilization of 99-Technetium（Ⅶ）by Fe（Ⅱ）-Goethite and Limited Reoxidation ［J］. Environmental Science and Technology，2011，45（11）：4904-4913.

［15］ Rohal K M，Seggen D M，Clark J F，et al. Solvent Extraction of Pertechnetate and Per-rhenate Ions from Nitrate-rich Acidic and Alkaline Aqueous Solution ［J］，Solvent Extr. Ion Exch，1996，14：401-416.

［16］ Li J F，Wang X L，Liu K，et al. Electronic structures，phase stability and hardness of technetium boride：First-principles calculation ［J］. Physica B，2010，405：4659-4663.

［17］ Cantrell K J，Williams B D. Solubility control of technetium release from Saltstone by TcO_2 ［J］. Journal of Nuclear Materials，2013，437：424-431.

［18］ Kuo E Y，Qin M J，Thorogood G J，et al. Technetium and ruthenium incorporation into rutile TiO_2 ［J］. Journal of Nuclear Materials，2013，441：380-389.

［19］ Jim E Szecsody，Danielle P Jansik，James P. McKinley，et al. Influence of alkaline co-contaminants on technetium mobility in vadose zone sediments [J]. Journal of Environmental Radioactivity，2014，135：147-160.

[20]　杨尚磊，陈艳，薛小怀，等. 铼的性质及应用研究现状 [J]. 上海金属，2005. 27 (1)：45-49.

[21]　刘茉娥，陈欢林. 新型分离技术基础 [M]. 杭州：浙江大学出版社，1998.

[22]　夏德长. 从含钼硫酸溶液中萃取铼 [J]. 湿法冶金，1994，2：58-59.

[23]　М. В. ИСТРАЦИКНА，夏德长. 提取铼的工艺过程采用的膜分离技术 [J]. 湿法冶金，1994，6：61-62.

[24]　游建南. 萃淋树脂分离技术的发展及其在湿法冶金中的应用 [J]. 湿法冶金，2000，1：3-5.

[25]　李华昌，周春山，符斌. 铂族金属分离中的萃淋树脂技术 [J]. 贵金属，2001，22 (4)：49-53.

[26]　Kim E，Benèdetti M F. Jacques Boulegue. Removal of dissolved rhenium by sorption onto organic polymers：study of rhenium as an analogue of radioactive technetium [J]. Water Research，2004，38：448-454.

[27]　Frederic，Poineau，Mausolf，et al. Technetium Chemistry in the Fuel Cycle：Combining Basic and Applied Studies [J]. Inorganic Chemistry，2013，52 (7)：3573-3578.

[28]　Vinsova H，Konirova R，Koudelkova M，et al. Sorption of technetium and rhenium on natural sorbents under aerobic conditions [J]. Journal of Radioanalytical and Nuclear Chemistry，2004，261 (2)：407-413.

[29]　Kim E，Boulègue J. Chemistry of rhenium as an analogue of technetium：Experimental studies of the dissolution of rhenium oxides in aqueous solution [J]，Radiochim. Acta，2003，91：211-216.

[30]　张立德，牟季美. 纳米材料和纳米结构 [M]. 北京：科学出版社，2001.

[31]　刘珍，梁伟，许并社. 纳米材料制备方法及其研究进展 [J]. 材料科学与工艺，2000，3：103-108.

[32]　Fujishima A，Honda K. Electrochemical photolysis of water at a semiconductor electrode [J]. Nature，1972，238 (53/58)：37-38.

[33]　张新容，杨平，赵梦月. TiO_2-SiO_2/beads 降解有机磷农药的研究 [J]. 工业水处理，2001，21 (3)：13-15.

[34]　孔尚梅，康振晋，魏志仿. TiO_2 膜太阳光催化氧化法处理毛纺染整废水 [J]. 化工环保，2000，20 (1)：11-14.

[35]　黄汉生. 日本 TiO_2 光催化剂的应用进展 [J]. 工业水与废水，2001，32 (2)：55-57.

[36]　朱晓兵，周集体，邱介山，等. 纳米材料在水处理中的应用研究 [J]. 工业水处理，2004，24 (4)：5-9.

[37]　孙家寿. 层状粘土纳米复合材料制备及应用进展 [J]. 武汉化工学院学报，1999，21 (4)：30-33.

[38]　杨琼峰，方章建，王世敏. 纳米氧化铝的制备及其对铜离子吸附行为的研究 [J]. 湖北大学学报（自然科学版），2007，27 (4)：381-383.

[39] 张伟，施周，徐舜开，等．多壁碳纳米管吸附水中三氯苯动力学及热力学研究 [J]，上海环境科学，2010，29（6）：231-235.

[40] Li X，Elliott DW，Zhang W. Zero-valent iron nanoparticles for abatement of environmental pollutants：materials and engineering aspects [J]. Crit Rev Solid State Mater Sci，2006，31（4）：111-122.

[41] 孙家寿，刘羽．交联膨润土吸附性研究 [J]．化学工业与工程技术，1998，19（2）：1-5.

[42] 孙家寿．交联黏土矿物的吸附特性研究（Ⅱ）-铝交联蒙脱石对磷酸根粒子的选择性吸附作用 [J]．武汉化工学院学报，1997，19（1）：34-37.

[43] Sung C，Kwon Dong，Song I. Adsorption of phenol and nitrophenol isomers onto montmo-trillonite modified with hexadeyl-trimethylammonium cation [J]. Sep Sci Technol，1998，33（13）：1981-1998.

[44] Kumar E，Bhatnagar A，Kumar U，et al. Defluoridation from water by nano-alumina：Characterization and sorption studies [J]. J Hazard Mater，2011，186（2-3）：1042-1049.

[45] Sharma Y C，Srivastava V，Mukherjee A K. Synthesis and application of nano-Al_2O_3 powder for the reclamation of hexavalent chromium from aqueous solutions [J]. J Chem Eng Data，2010，55（7）：2390-2398.

[46] Alvarez S，Bianco Lopez M C，Miranda-Ordieres AJ，et al. Electrochemical capacitor performance of mesoporous carbons obtained by templating technique [J]. Carbon，2005，43（4）：866-870.

[47] 罗驹华，张少明．微纳米级铁粉在水处理中的应用 [J]．工业水处理，2008，28（1）：9-12.

[48] 李洁，孙体昌，齐涛．纳米材料在水处理中的应用现状 [J]．材料导报，2008，22（5）：21-23.

[49] Sondi I，Salopek Sondi B. Silver nanoparticles as antimicrobial agent：a case study on E. coli as a model for Gram-negative bacteria [J]. J Colloid Interface Sci，2004，275（1）：177-182.

[50] Son W K，Youk J H，Park W H. Antimicrobial cellulose acetate nanofibers containing silver nanoparticles [J]. Carbohydrate Polymers，2006，65（4）：430-434.

[51] LokC N，Ho C M，Chen R. Proteomic analysis of the mode of antibacterial action of silver nanoparticles [J]. J. Proteome Res，2006，5（4）：916-924.

[52] 朱世东，徐自强，白真权，等．纳米材料国内外研究进展-纳米材料的应用与制备方法 [J]．热处理技术与装备，2010，31（4）：1-7.

[53] 李泉，曾广赋，席时权．纳米粒子 [J]．化学通报，1995，59（6）：29-34.

[54] 陈郁，全燮．零价铁处理污水的机理及应用 [J]．环境科学研究，2000，13（5）：24-26.

[55] 谭盈盈，郑平，姜辛．微生物作用下铁（Ⅲ）对有机污染物的氧化 [J]．浙江大学学报（农业与生命科学版），2002，25（3）：350-354.

[56] Lovely D R，Woodwdar J C，ChPaelle F H. Stimulated anoxic biodegradation of aromatie hydroearbons using Fe(Ⅲ) ligands [J]. Nature，1994，370（6485）：128-131.

[57] Lovely D R. Dissimilatorv metal reduction [J]. Annu. Rev. Mieorbiol.，1993，47：263-290.

[58] Stueki Jw. Redox Proeess In Smeeties：5011 Enviromental Signifienace [J]. Advances In Geology，

1999，30：39-406.

[59] Zhang W X，Wang C B. Synthesizing Nanoscale Iron Particles for Rapid and Complete Dechlorination of TCE and PCBs [J]. Environmental Science and Technology，1997，31（7）：2154-2157.

[60] He F，Zhao D. Preparation and characterization of a new class of starch-stabilized bimetallic nanoparticles for degradation of chlorinated hydrocarbons in water [J]. Environ. Sci. Technol. 2005，39：3314-3319.

[61] He F，Zhao D，Liu J C. Stabilization of Fe-Pd Nanoparticles With Sodium Carboxymethyl Cellulose for Enhanced Transport and Dechlorination of Trichloroethylene in Soil and Groundwater [J]. Ind. Eng. Chem. Res，2007，（49）：29-34.

[62] Phenrat T，Song J E，Cisneros C M，et al. Estimating attachment of nano and submicrometer-particles coated with organic macromolecules in porous media：development of an empirical model [J]. Environ. Sci. Technol. 2010，44：4531-4538.

[63] Ponder S M，Darab J G，Mallouk T E. Remediation of Cr(Ⅵ) and Pb(Ⅱ) aqueous solutions using supported，anoscale zero-valent iron [J]. Environ. Sci. Technol. 2000，34：2564-2571.

[64] Xiong Z，Zhao D，Pan G. Rapid and complete destruction of perchlorate in water and ion-exchange brine using stabilized zero-valent iron nanoparticles [J]. Water Res. 2007，41：3497-3505.

[65] Xiong Z，Zhao D，Pan G. Rapid and controlled transformation of nitrate in water and brine by stabilized iron nanoparticles [J]. J. Nanopart. Res. 2009，11：807-812.

[66] 陈永亨，张平，梁敏华，等. 黄铁矿对重金属的环境净化属性探讨 [J]. 广州大学学报（自然科学版），2007，6（4）：23-25.

[67] 石俊仙，鲁安怀，陈洁. 天然黄铁矿除 Cr(Ⅵ) 中 Cr_2S_3 物相的发现 [J]. 岩石矿物学杂志，2005，24（6）：539-542.

[68] 张平，梁敏华，陈永亨. 黄铁矿处理重金属废水的光谱表征 [J]. 光谱学与光谱分析，2007，27（1）：1-5.

[69] Kang M L，Chen F R，Wu S J，et al. Effect of pH on Aqueous Se(Ⅳ) Reduction by Pyrite [J]. Environmental Science and Technology，2011，45（7）：2704-2710.

[70] Plymale A E，Fredrickson J K，Dohnalkova A C，et al. Competitive reduction of pertechnetate ($99TcO_4^-$) by dissimilatory metal reducing bacteria and biogenic Fe(Ⅱ) [J]. Environ Sci Technol，2011，45：951-957.

[71] Lin Y T，Huang C P. Reduction of chromium (Ⅵ) by pyrite in dilute aqueous solutions [J]. Separation and Purification Technology，2008，63（1）：191-199.

[72] Aimoz L，Curti E，Mader U. Iodide Interaction With Natural Pyrite [J]. Journal of Radio-analytical and Nuclear Chemistry，2011，288（2）：517-524.

[73] 鲁安怀. 环境矿物材料基本性能-无机界矿物天然自净化功能 [J]. 岩石矿物学杂志，2001，20（4）：371-381.

［74］ Chandra A P，Gerson A R. The Mechanisms Of Pyrite Oxidation and Leaching：A Fundamental Perspective ［J］，Surface Science Reports，2010，65（9）：293-315.

［75］ Zhang Y L，Zhang K，Dai C M，et al. Performance and mechanism of pyrite for nitrobenzene removal in aqueous solution ［J］. Chemical Engineering Science，2014，111：135-141.

［76］ 王楠，易筱筠，党志，等 . 酸性条件下黄铁矿氧化机制的研究 ［J］，环境科学，2012，33（11）：3916-3920.

［77］ 范长福，李培斌，王志峰 . 热液金矿床中黄铁矿特征 ［J］. 黑龙江科技信息，2011，8：36-39.

［78］ Bryson L J，Crundwell F K. The anodic dissolution of pyrite（FeS_2）in hydrochloric acid solutions ［J］. Hydrometallurgy 2014，143：42-53.

［79］ Liu Z J，Xing X D，Zhang J L，et al. Reduction mechanisms of pyrite cinder-carbon composite pellets ［J］. International Journal of Minerals，Metallurgy and Materials，2012，19：986-991.

［80］ 陈涛，田文宇，等 . 黄铁矿在维持高放废物处置库近场还原性环境中的作用 ［J］. 物理化学学报，2010，26（9）：2489-2493.

［81］ 霍丽娟，钱天伟，丁庆伟，等 . 不同喷淋量对核废物处置库顶盖毛细屏障效应的实验研究 . 环境污染与防治，2014，36（1）：51-55.

［82］ 钱天伟，刘春国，丁庆伟，等 . 放射性废物处置库顶盖毛细屏障的研究进展，环境污染与防治 2007，29（12）：938-948.

［83］ Qian T W，Li S S，Ding Q W. Two-dimensional numerical modeling of ^{90}Sr transport in an unsaturated Chinese loess under artificial sprinkling ［J］. Journal of Environmental Radioactivity，2009（100）：422-428.

第 2 章

纳米零价铁制备及表面修饰和分散性研究

2.1 纳米材料制备方法

在纳米材料的应用和发展过程中材料的制备是首要的、也是关键的任务，制备不出所需要的纳米材料，一切应用都是空谈。为了更深入地研究纳米科学和应用纳米科学，人们按照研究、应用的需要在纳米尺寸的范围内设计、制备纳米材料，这一技术被称为纳米材料加工技术。

纳米材料的一般制备方法分为物理方法和化学方法两大类。

2.1.1 物理制备方法

通过利用物理加工的手段，获得具有纳米尺度和结构的纳米材料的方法称为物理制备法，其关键在于如何制备、如何控制纳米材料的尺度、结构和成分。

物理制备法包括很多种方法，在此主要介绍与本书相关的几种方法。

2.1.1.1 高能球磨法

高能球磨法是利用高速球磨机将固体粉末粉碎为超细颗粒的一种方法。该方法主要通过球磨罐体内的硬球的高速振动或转动，使之与原料进行强烈的撞击、碾磨和搅拌，达到粉碎的目的。该方法被国内外研究者大量使用和改进，例如：Del 等通过球磨法制备纳米铁粉体，得到粒径达到 10nm 的粉体；Malow 等通过球磨法制备纳米铁以后，将产物压成紧密的样品，在 523℃、等温条件下进行退火处理，得到纳米铁粉体，粒径在 15～24nm 之间；Shingu 等对铝和铁的合金利用高能球磨法进行制备，得到粒径在纳米范围的 Al-Fe 合金；陈洪等在 Ar、N_2 的气体保护下，利用高能球磨法制备了纳米铁的粉体，平均粒径为 7nm。结果进行对比后发现：球磨过程中，Ar、N_2 的不同氛围对纳米铁晶界面的电子结构及磁结构造成不同的影响；江万权等将一定量微米级的铁粉与适量的表面活性剂混合均匀、选择合适的重量比（球/粉体）进行高能球磨制备，在一段时间的球磨后，制得平均粒径为 50nm 的纳米铁粉体。

2.1.1.2 深度塑性变形法

1994 年，Islamgaliev 等通过在准静态压力的作用使材料发生严重的塑性变形，实现将材料的晶粒尺寸细化到亚微米甚至是纳米级的目的。这一种独特的纳米材料制备工艺就是深度塑性变形法。1999 年，Rempel 等利用该方法在铜基体上制得一种超顺磁性的纳米铁微粒，并发现在 450K 下的退火中，纳米铁粒子粒径也随之从 2.8nm 增大到 3.3nm，同时亚微晶铜的晶粒从 128nm 增大至 150nm。

2.1.1.3　等离子体法

等离子体法是在惰性气氛下使材料达到很高的温度，在高温状态下制备纳米粉体的办法。在等离子状态下几乎可以制取任何一种金属的纳米级粉体。因此，等离子体法被广泛应用于纳米金属材料的制备过程。实验室获得等离子的方法包括热电离法、光电离法、射频、射线辐射法、直流电弧法、微波气体放电法等。其中直流电弧等离子体加热制备法以其适用设备简单、易操作、范围广、生产速度快等优点而广泛应用于纳米金属粉体的制备。

Cui 等报道了采用 $Ar+H_2$ 电弧等离子体法制备纳米铁粉体的设备条件和方法。郝春成等采用 $Ar+H_2$ 电弧等离子体法制备铁超微颗粒，在不同的温度下真空退火，通过透射电镜观察其形貌和粒径大小，所制备出的铁超微颗粒呈球形，平均粒径在 40nm 左右。陈克正等以氢电弧等离子体技术，制备了多种金属纳米晶粒，如 Pd、Fe、Ni、Cu、Co 等。张现平等采用氢电弧等离子体法制备了碳包铁纳米微粒。

2.1.1.4　低压气体中蒸发法（气体冷凝法）

此种制备方法是在低压的惰性气体（He、Ar 等）中加热金属，使其熔融、蒸发后形成超微颗粒。用气体蒸发法可获得较干净的超微颗粒。1984 年德国 Gleiter 教授等将气体冷凝法制得的纳米微粒在超高真空条件下压紧得到多晶。李发伸等在高纯 Ar（纯度为 99.99%）、高真空（$2\times10^{-5}\,Pa$ 以下）的环境中，以难熔融的金属钼作为热源加热金属铁，使其进行蒸发形成超微颗粒，随后，利用含微量 O_2 的 N_2 对铁的超微颗粒表面进行钝化处理，得到球形的纳米铁颗粒，并利用电镜和电子衍射对单个金属微粒的形状和形态以及晶体结构进行了研究，平均粒径为 10nm，且在空气中表现稳定，没有发生进一步的氧化。但是该方法制备的纳米铁表面覆盖了一定量的氧化铁分子，反应活性和作用于单纯的纳米零价铁有一定的区别。Sanchez-lopze 等采用此法制得平均粒径约 17nm 的纳米铁微粒。目前，一些工业发达国家已利用低压气体中蒸发法实现了 Al、Mg、Zn、Fe、Co、Ni 等几十种纳米粉体的产业化生产。

2.1.2 化学制备方法

化学制备法是一类通过化学方法得到具有纳米尺度结构的纳米材料的方法。化学制备法包括很多种方法，本书主要介绍以下几种。

2.1.2.1 溶胶凝胶法

从 20 世纪 60 年代发展起来的一种制备陶瓷、玻璃等无机材料的新方法，叫作溶胶凝胶法。该法的原理是将分散相，即纳米材料的前驱体与聚合物基体混合并溶于共溶剂中，通过水解和结合使前驱物形成凝胶状，后干燥得到的纳米材料。

此法得到广泛的应用主要是因为其具有以下两大优点：

① 操作较为简单。可制备传统方法难以甚至不能制得的产物。

② 条件要求一般。制备所需温度较低，制备的单组分或多组分分子级混合物粒径分布均匀、材料纯度高、化学活性大。

2.1.2.2 微乳液法

油滴在水中或透明的水滴在油中所形成的分散质点直径为 5～100nm 的单分散体系就叫作微乳液。微乳液法是利用液-液两相平衡时微小液滴聚集分子层的厚度或质点作为纳米颗粒有效的反应器来制备纳米材料的过程。

2.1.2.3 热分解法

热分解法是用化学方法合成金属纳米微粒中应用最频繁的一种方法，整个过程中首先将金属纳米微粒的前驱体引入反应器，然后在一定温度下使其发生热分解反应，最后形成一定粒径范围的金属纳米超细微粒。值得解释的是，一般情况下热分解反应的前驱体是一类易于分解的金属配合物，例如金属有机配合物或是金属羰基化合物等。

该法制备金属纳米微粒最典型的例子是在一高沸点溶剂中，$Fe(CO)_5$ 进行热分解反应而得到 Fe 纳米微粒。该反应中的羰基铁热解可用式（2.1）简单表示：

$$Fe(CO)_5 \longrightarrow Fe(s) + 5CO(g) \tag{2.1}$$

柳学全等以羰基铁为原料制备了粒径范围为 6～26nm 的纳米级球状铁微粒。赵新清等通过激光气相热分解法制备出了球状的 α-Fe（粒径为 15～30nm）和 γ-Fe（粒径为 30～100nm）的颗粒。刘思林等报道了通过改变

$Fe(CO)_5$ 的蒸发温度、热分解温度以及在单位时间内 $Fe(CO)_5$ 产生的蒸气量与稀释气流量的加载气流量之比,可以有效控制所制备纳米铁微粒的平均粒径范围。指出在制备过程中添加适当表面活性剂可以影响所得纳米微粒的平均粒度,在适当的热分解条件和适宜的表面活性剂条件下可以制备平均粒径小于 $10nm$ 的纳米铁。

2.1.2.4　沉淀法

沉淀法是指利用盐溶液的沉淀-溶解平衡原理,在包含一种或多种离子的可溶性盐溶液中,加入沉淀剂或使溶液发生水解,形成难溶盐、难溶性的氢氧化物、水合氧化物等沉淀,将沉淀从溶液中分离、洗涤、干燥,最终得到所需的超细微粒的方法。

沉淀法包括水解法、共沉淀法、均匀沉淀法等。

① 水解法是指在金属盐溶液水解后,沉淀出的水合氧化物或氢氧化物经热分解后会得到氧化物粉末。

② 共沉淀法是指在含多种阳离子的溶液中加入沉淀剂后,多种阳离子便共同沉淀,得到多组分的粉体。

③ 均匀沉淀法是指通过控制所加沉淀剂的量,使其浓度缓慢地增加,使得沉淀过程处于缓慢的步骤,或者说过程以亚平衡的状态进行,最终沉淀均匀地出现在整个溶液中。

2.1.2.5　还原法(气相、固相、液相)

(1) 气相还原法

气相还原法一般是指在气相中用 H_2 或 NH_3 等作还原剂,将高价态的离子还原为低价态固体粉体的方法。曹茂盛等通过用热管炉热解 $FeCl_3$ 的气相还原法,以 H_2 和 NH_3 为还原剂制得了球状的 α-Fe 纳米颗粒。此方法能得到高纯、单相、均匀、球状的纳米级 α-Fe 超细粉体。

(2) 固相还原法

固相还原法一般指的是在还原气氛下,使固相的金属化合物的前驱体或金属的氧化物经过分解、还原来制备超细粉体的方法。曾京辉等利用化学共沉淀法在乳化剂 PG 的参与下,从 $FeSO_4$ 溶液中沉淀、析出 $FeC_2O_4 \cdot 2H_2O$ 作为前驱体,后经热分解、H_2 还原和表面钝化灯处理,制备出长径约 $50nm$,轴比为 $1\sim3$(长短径比)的椭球或短棒状 α-Fe 金属磁粉。1996 年,Santos 等通

过该法从含 $FeSO_4 \cdot 7H_2O$ 和 $Al(NO_3)_3 \cdot 9H_2O$ 的水溶液中制备得到纳米 $\alpha\text{-Fe}-Al_2O_3$ 的复合体，其铁含量约为 20％～62％（体积比）；后再经热处理以及 H_2 还原制得平均粒径范围为 50～80nm 的纳米铁微粒。

（3）液相还原法

液相还原法是在强还原剂的作用下将溶液中金属盐（如 Fe^{2+}、Fe^{3+}）还原为单质金属的方法。纳米铁的制备可以由式（2.2）及式（2.3）反映整个反应过程。

$$Fe^{2+}：2Fe^{2+}+BH_4^-+3H_2O \longrightarrow 2Fe+B(OH)_3+\frac{7}{2}H_2 \uparrow \qquad (2.2)$$

$$Fe^{3+}：4Fe^{3+}+3BH_4^-+9H_2O \longrightarrow 4Fe+3B(OH)_3+\frac{21}{2}H_2 \uparrow \qquad (2.3)$$

1997 年，Wang 等用过量的 $NaBH_4$ 还原 $FeCl_3$，所得反应产物 90％为纳米级尺度的范围内的铁的超细颗粒。程起林等则以聚乙烯吡咯烷酮（PVP）为分散剂，甲苯为溶剂，三乙基硼氢化钠为还原剂，选择铁、铬混合盐作为原料成功制得平均粒径约为 50nm 的 Fe-Cr 颗粒。

2.2 纳米微粒的表面修饰与分散

固体微粒细化到纳米级颗粒后，其物理性质和化学性质的变化绝非几何上的"相似缩小"，而出现一系列新现象和规律。量子效应、界面效应、尺寸效应等不可忽略，甚至成为主导因素。随着表面原子在总原子数中所占比例的增大，象征反应活性的表面吉布斯自由能急剧增加，使得纳米微粒活化，性质不稳定。任何物质到了纳米量级，其物理、化学性质都会发生巨大的变化，也会因此而具有一些新的特性。例如，纳米铁粉一旦遇到空气就能马上燃烧起来，生成氧化铁，纳米铁粉成为易燃物。

纳米零价铁粉表面氧化燃烧示意如图 2.1 所示。

为了较好地利用纳米材料，常需要对纳米微粒表面进行修饰，让其在使用前相对稳定。表面修饰的基本原理是通过物理和化学手段对纳米微粒的表面进行处理，使其表面原子的晶体结构、表面能、浸润性、电化学性质等物理、化学性质发生变化，达到改善微粒表面物理、化学性质的目的。

图 2.1 纳米零价铁粉表面氧化燃烧示意

表面修饰或表面改性可以在纳米微粒的分散性，纳米微粒的表面活性，纳米微粒的物理特性、化学特性、机械性能以及纳米微粒与其他物质之间的相容性等方面达到良好的效果。

2.2.1 纳米微粒表面物理修饰

根据表面修饰改性分子与纳米微粒之间是否发生化学反应，可以分为物理修饰改性和化学修饰改性两大类。

2.2.1.1 物理修饰

纳米微粒与修饰分子之间由范德华力、氢键、配位键等弱相互作用力结合起来，在纳米微粒表面形成包覆层，减少了反应位点，降低了表面能，使纳米微粒间的团聚减少，分散均匀且具有相对的稳定性，被称为表面物理修饰。通常采用表面活性剂对一些纳米微粒表面的修饰就是属于这一方法。由于表面活性分子中既含有亲水的极性基团也含有憎水的非极性基团，当亲水基团以氢键等方式与水分子结合，憎水基团以范德华力、配位键等与纳米微粒结合时，在微粒表面形成均匀的包覆层。由于纳米微粒的表面分子在水中受力的均匀性增强，使其在水溶液中能够均匀分散，起到表面修饰改性的作用。

2.2.1.2 化学修饰

纳米微粒表面化学修饰是指由离子键、共价键等较强相互作用力将修饰分子结合在纳米微粒表面，从而改变纳米微粒表面的形态和性质。纳米微粒由于表面原子所占比例大，表面原子形成的化学键和电子运动状态不同于内部原子，高的表面能和空轨道的增多有利于成键。因此，表面较易于形成化学修饰。

常用到的化学修饰有类酯化反应法、偶联剂法和表面接枝改性法等几种。

（1）类酯化反应法

金属氧化物的纳米微粒在水溶剂中由于水合作用形成的羟基与有机分子中的羧基发生的反应，使微粒表面均匀结合有机分子，原来亲水疏油的表面变为亲油疏水的表面，这种修饰方法被称为类酯化反应法。徐存英等发现硬脂酸可以对纳米 TiO_2 表面进行表面改性，使纳米 TiO_2 表面形成单分子膜，由极性转变为非极性。杜振霞等对纳米 $CaCO_3$ 表面用有机酸进行处理，将微粒表面由极性转变为非极性，使得纳米 $CaCO_3$ 在有机溶剂中可以良好地分散。

（2）偶联剂法

偶联改性是指使用偶联剂与纳米微粒表面发生偶联化学反应，偶联剂与纳米微粒之间以离子键或共价键结合，同时还会存在分子间力、配位键或氢键的相互作用。当表面能较高的无机纳米微粒与表面能较低的有机物进行结合时，一般情况下相互之间的亲和性差会在一定程度上导致多相界面出现空隙。偶联改性技术可以很好地改善两者之间的相容性。因此，一般偶联剂分子的基团必须符合：既要有能够与纳米微粒表面或制备纳米微粒的前驱物发生反应的基团；又要有与有机物基体具有相容性或反应性的有机官能团，如二（二辛基焦磷酸酯）氧乙酸酯钛酸酯、乙烯基三乙氧基硅烷等。

常用的偶联剂有硅烷偶联剂、钛酸酯偶联剂、铝酸酯偶联剂等。

（3）表面接枝改性法

表面接枝改性是指将高分子聚合物通过化学反应链接到无机纳米微粒表面的方法。该方法不但可以增强纳米微粒的稳定性和分散性，而且可以充分发挥有机聚合物的特性。表面接枝改性法制备的修饰型纳米微粒可以充分体现聚合物和纳米微粒的优点，使得纳米微粒具备一些新的功能。经过选择不同的表面接枝改性剂和有机溶剂，可以根据需求制备得到良好的、分布均匀的纳米高分子材料。纳米材料在有机溶剂中易于分散，就会使其应用的领域有极大的拓展。

表面接枝改性法可分为聚合与接枝同步进行、颗粒表面聚合生长接枝和偶联接枝三种类型。

因此，纳米材料在不同修饰剂作用下的修饰改性已成为纳米材料实验研究和开发应用中一个极其重要的内容，被看作是未来纳米新材料制备的重要手段和方向。

2.2.2　纳米微粒的分散

纳米微粒随着粒径的减小表面能增大，使得微粒之间相互吸引很容易团聚在一起。团聚的微粒凭借若干弱连接形成具有新的界面且体积较大颗粒，称为团聚体。这种现象在新制备的粉体中尤其明显。团聚体的性质与纳米粉体的性质会有较大的差别，因此，在纳米微粒的制备过程中如何减少团聚、使纳米颗粒尽可能的以单体分散均匀便成为一个很重要的问题。

纳米微粒的分散通常有如下几种措施。

（1）超声波分散

纳米微粒发生团聚后，利用超声振荡来破坏团聚体之间的范德华力或静电力的结合，当粒径处于 1～100nm 的微粒则有可能因液相的表面张力和微粒的布朗运动等因素形成悬浮液，从而使微粒均匀分散。

（2）反絮凝剂分散

选择合适的电解质作为反絮凝剂，使解离的离子在电荷作用下与纳米微粒表面吸引形成双电层。由于微粒表面形成的双电层之间的库仑排斥作用，导致纳米微粒无法发生团聚，从而实现纳米微粒的均匀分散。通常根据纳米微粒的表面电荷类型和自身性质来选择反絮凝剂。

（3）表面活性剂分散

利用表面活性剂同时具有亲水基团和憎水基团的特性，减弱纳米微粒和水之间的固液两相界面作用力，防止液相中的微粒之间发生团聚，从而能够均匀分散。当表面活性剂以较强的结合力吸附在微粒表面形成一种包覆状态时，不但能使纳米微粒较好地分散，而且根据表面活性剂不同的性质可以使纳米微粒达到表面修饰改性的目的。

表面活性剂与纳米微粒的作用如图 2.2 所示。

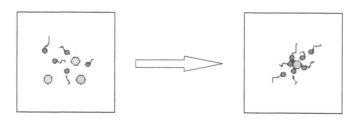

图 2.2　表面活性剂与纳米微粒作用示意

2.3 纳米零价铁制备和表面修饰方法的选取

2.3.1 纳米零价铁制备方法的选取

纳米零价铁的合成方法很多，但应用于地下水和土壤中进行环境修复的纳米材料不但要具有高的反应活性，还要具有在环境中的稳定性，在使用过程中能适用于环境。所以，我们需要以简单易行的方法制备一种成本低、稳定性较高、对环境无污染的纳米材料。

液相还原法是纳米材料制备方法之一，具有反应条件温和、反应速度快、操作方便易行、产物容易分离、成本低、可以进行大规模生产等优点，是目前在实验室制备和工业上规模化生产纳米超细材料广泛应用的方法。

本节采用液相还原法制备纳米零价铁，并在这种方法的基础上通过选择具有表面活性作用的有机大分子和分散介质，将所制备纳米微粒进行修饰改性，在反应过程中以适当的震荡控制生成的小粒径的金属晶体，通过多次实验确定优化的条件。探索制备既有较好的空气稳定性，又有无机纳米零价铁微粒的反应活性，同时在适当修饰改性后在溶剂中能很好分散的纳米零价铁材料。最终实现该材料能够有效地在原位还原固定土壤和水中的污染物的目标。

液相还原法中利用强还原性的 $NaBH_4$ 把 Fe^{2+} 还原到 Fe^0，该方法难点在于对纳米零价铁粒径、稳定性和分散性的控制；这也是本书的研究重点。

反应式如式(2.4)所列：

$$FeSO_4 + 2NaBH_4 + 6H_2O \longrightarrow Fe + 2B(OH)_3 + Na_2SO_4 + 7H_2 \uparrow \quad (2.4)$$

2.3.2 纳米零价铁表面修饰和分散方法的选取

研究表明，用有机大分子聚合物对纳米金属微粒包覆、修饰，是一种简单、廉价的方法，可以有效提高纳米金属微粒的抗氧化性。该方法还可以通过选择有机聚合物的类型、改变材料表面的极性大小，提高其在极性介质中的分散性和在有机介质中的相容性。该方法增强纳米微粒稳定性的同时，有利于材料的运输、保存和使用。

由于纳米金属微粒表面能高、易发生团聚，当有机大分子聚合物对金属微粒修饰改性时，纳米金属微粒在聚合物中难以均匀的分散。尤其是在产物的后处理过程中需要使用无机或有机溶剂对包覆了聚合物的纳米金属微粒进行多次的洗涤，容易使物理吸附作用结合包覆层脱落，失去包覆的作用，纳米材料稳定性降低。这种现象会受到聚合物的分子链的长短和形状、聚合物的极性基团的多少、聚合物在反应中添加的时间和浓度等因素影响。而在反应开始添加适当浓度的聚合物单休，使其在新生成的铁原子结晶过程中的微粒表面进行表面包覆，然后再随着晶体的生长将更多的聚合物链接在纳米微粒的表面，这样，由于多个氢键或配位键的结合（不再是简单的吸附或范德华力的结合）可以使它们的作用力甚至可能强于共价键的结合力，结果会生成更加稳定的包覆型纳米材料。

　　本节选用对环境无毒无害的淀粉、糊精和羧甲基纤维素钠（CMC）按照以上修饰方法来对制备过程中的纳米零价铁微粒进行表面包覆。该方法可以大规模地生产得到更适合于实验室和野外对高铼酸根的原位还原固定的修饰型纳米零价铁。

2.4　修饰型纳米零价铁的制备

2.4.1　实验试剂及仪器

2.4.1.1　主要实验试剂

主要实验试剂如表 2.1 所列。

表 2.1　主要实验试剂

名　称	化　学　式	规　格
氮气	N_2	高纯(99.999%)
硼氢化钠	$NaBH_4$	分析纯
高纯氮混合气体	N_2,CO_2,H_2	(N_2 90%,CO_2 5%,H_2 5%)
氩气	Ar	高纯(99.999%)
无水乙醇	C_2H_5OH	分析纯
七水合硫酸亚铁	$FeSO_4 \cdot 7H_2O$	分析纯
糊精	$(C_6H_{10}O_5)_n$	生化试剂
可溶性淀粉	$(C_6H_{10}O_5)_n$	分析纯
羧甲基纤维素钠	$[C_6H_7O_2(OH)_2CH_2COONa]_n$	化学纯
氢氧化钠	$NaOH$	分析纯

2.4.1.2　主要实验仪器及型号

主要实验仪器及型号如表 2.2 所列。

表 2.2　主要实验仪器及型号

名　　称	型　　号
电子分析天平	CPA225D
精密 pH 计	PHB-1
双层振荡器	HY-6
高速离心机	HITACHI CF16RX Ⅱ
数控超声波清洗器	KQ-500DB
双功能气浴恒温振荡器	ZD-85
冷冻干燥箱	LYO GT21 GT2-E
低氧手套箱	天美(中国)科学仪器有限公司
双光束紫外可见分光光度计(UV-Vis)	TU-1901
X 射线能谱仪(EDS)	Noran system 7
冷场发射扫描电镜(SEM)	KYKY 2800B
X 射线粉末衍射仪(XRD)	X'Pert PRO
激光粒度分析仪(LPSA)	LS230

2.4.2　实验条件的选择

本节制备的纳米零价铁主要用于土壤和地下水中高铼酸根的原位还原固定，所以实验条件的选择和实验的探索主要以最终的实际应用为目标。因此，不仅要在可靠的合成方法、较高的还原固定效果的前提下进行，而且要确保试剂和所用材料的环境友好性，还要考虑在野外的实际可操作性以及纳米材料较低的制备成本、安全性等。

2.4.2.1　纳米零价铁制备实验条件的选择

（1）还原剂的选择

液相还原法虽然是制备纳米金属微粒或合金的一种简单的方法，但是在制备过程中还原剂的选用将影响所得纳米微粒的化学组成和晶体结构，因此还原剂的选择是十分关键的。当前用于液相还原法合成纳米金属微粒和一些合金的还原剂主要有硼氢化物、水合联氨（肼）、次亚磷酸钠等。

1) 硼氢化物

目前，在国内外环境修复研究中，大多以硼氢化物（$NaBH_4$ 或 KBH_4）还原 Fe^{3+} 或 Fe^{2+} 制备纳米零价铁应用于水污染的修复。该方法通过控制合成条件，可以获得粒径在 100nm 以下的纳米零价铁微粒，而且操作简便。KBH_4 与 $NaBH_4$ 的性质相近，都易溶于水，和铁离子的反应属于放热反应，不需要加热，在常温下反应良好。KBH_4 价格低于 $NaBH_4$，但 KBH_4 反应迅速，几乎在滴加的同时就反应，不利于合成反应的速度控制；另外，KBH_4 在碱性溶液中稳定，中性和酸性溶液中易水解，如果 pH 值在 10 以下时容易水解，吸湿性强。因此，KBH_4 的还原反应通常在 pH 值大于 10 的条件下进行。对于在实际环境中应用，$NaBH_4$ 比 KBH_4 更好一些。Fe^{2+} 的还原电势为 $-0.44V$，BH_4^- 的还原电势为 $-1.20V$，从电化学的理论分析，BH_4^- 易于还原 Fe^{2+} 为 Fe。

综合以上因素，从反应的可控性、对近中性环境的适应性等多方面考虑，本节选用还原剂 $NaBH_4$ 来制备纳米零价铁微粒。

2) 水合联氨

水合联氨（肼）$N_2H_4 \cdot H_2O$，无色溶液，有毒，呈弱碱性，光照下易分解，有较强的还原性。水合联氨和 Fe^{2+} 在高压釜中反应，可制得 α-Fe。反应式为：

$$2Fe(OH)_2 + N_2H_4 \cdot H_2O \longrightarrow 2Fe(s) + N_2 + 5H_2O \qquad (2.5)$$

而在常压、碱性条件下，在乙醇-水体系中还原 Fe^{2+}，得到的产物为铁的氧化物。因此，水合联氨（肼）反应条件苛刻，尤其具有较高毒性，不是本研究中理想的还原剂。

3) 次亚磷酸钠

次亚磷酸钠（NaH_2PO_2）也是一种较强的还原剂，可以将 Cu、Ni 等从离子态还原为单质。但 NaH_2PO_2 在反应开始前存在诱导期。例如，在还原 Cu^{2+} 的过程中，要在恒定的温度下搅拌 2h 左右，随后反应会迅速完成。这对于纳米零价铁结晶的过程不利，因此不是本研究中理想的还原剂。

（2）修饰剂的选择

修饰剂在湿化学法制备纳米材料的过程中会显著影响纳米材料的尺寸、结构和分散性等。通常采用具有表面活性的物质作为修饰剂。这是由于表面活性剂由截然不同的亲油和亲水的基团组成，它既能溶于极性溶剂也能溶于非极性溶剂，会在两相界面上定向排列从而改变相界面的性质。所以，表面活性物质在纳米材料的修饰改性方面成为不可或缺的重要组成部分，其使用也越来越广泛。

在液相还原法制备纳米微粒的反应体系中，晶体由小到大的变化过程中，超微化的颗粒在布朗运动过程中受到范德华力和静电力的作用。另外，由于新生成微粒的表面原子的表面吉布斯能与微粒的曲率半径成反比，即球体半径越小，表面吉布斯能会越高，颗粒减小表面吉布斯能而发生团聚的趋势就越大。综合这些原因，纳米微粒不可避免会出现团聚情况。因此，减少团聚，就需要加入修饰剂改变两相界面的性质和表面能。

由于所使用的修饰剂需要根据纳米微粒的团聚方式有针对性地选择，因此必须了解团聚的分类和产生原因。纳米微粒的团聚可以由多种键合形式生成。按照纳米微粒团聚过程中颗粒之间的相互作用力类型，团聚可以分为两种：一是由弱相互作用的物理键合（如范德华力等）引起的软团聚；二是由较强相互作用的化学键合（如离子键等）引起的硬团聚。

（1）软团聚生成的主要原因

软团聚生成的原因主要有以下几点。

① 纳米微粒的小尺寸效应。纳米微粒非常小的粒径导致其比表面积与微米级微粒相比呈指数级增大，表面原子在总原子数中所占比例急剧增加。微粒之间由于表面原子或基团的范德华力、吸附及其他弱相互作用会互相黏附聚集，引起团聚。

② 纳米微粒的表面效应。由于比表面积增大，粒径很小，球体的半径小，表面吉布斯能增高。微粒由于很高的表面吉布斯自由能导致表面化学势很高，处于不稳定状态，有强烈的趋势去降低自身的表面能而达到稳定状态，引起团聚。

③ 纳米微粒表面的电子效应。由于金属电子在纳米微粒上的自由移动会导致微粒表面积累正电荷或负电荷。带相反电荷的微粒在静电力作用下相互吸引，引起团聚。

④ 纳米微粒的近距离效应。纳米微粒体积小、质量轻，由于相互距离极近，范德华力远远大于其自身受到的重力，微粒与微粒易相互吸引而团聚。

（2）硬团聚生成的主要原因

硬团聚除了会受到上述软团聚的因素影响外，其产生的机理还存在以下几种理论。

① 毛细现象吸附理论。在湿化学法中，纳米粉末在洗涤、干燥等过程中由于排出溶剂时的微粒间隙的毛细管效应会产生硬团聚。由于颗粒小，气-固界面表面功较难克服液-固界面表面功，微粒之间的毛细现象使纳米材料与普通湿料相比黏附更多的溶剂。在纳米材料干燥过程中，其微小孔隙之间黏附的溶剂开始蒸发，纳米微粒之间充满的液体介质从毛细管孔隙的两端出去，由于毛细管中附加压力的存在，液体出去时产生负压，导致毛细孔壁收缩，使纳米微粒发生硬团聚。

② 晶桥理论。由于材料化合物在溶剂介质中的溶解—沉析时形成晶桥，使得纳米颗粒围绕晶桥相互结合，形成硬团聚。

③ 化学键理论。纳米颗粒表面由于溶剂化导致的非架桥羟基与微粒表面的金属离子结合或相邻的微粒表面的非架桥羟基结合。这些较强的结合会发生反应形成较强的相互作用力——化学键，称为化学键理论，这是产生硬团聚的根源之一。

④ 表面原子键合理论。纳米微粒的表面原子处于两相界面，其在断键过程中能量增高，导致表面原子的能量远高于内部原子能量。微粒表面原子化势增高，易于发生反应，与其他原子成键，最终使自身能量降低。所以纳米微粒之间容易键合，形成稳固的化学键，发生硬团聚。

从以上原理可知，软团聚可以由简单的机械方法或化学处理打开，而硬团聚稳定、长久，结合牢固，即使采用大功率的超声波或球磨机等方式，打开的效果也不理想。因此，本节在制备纳米零价铁过程中选用淀粉、羧甲基纤维素钠（CMC）和糊精这些水溶性有机高分子起到表面活性剂的作用。由于有机高分子的支链为羧基和羟基，具有好的水溶性，纳米颗粒在它们的水溶液中形成时，有机高分子以多个氢键、配位键包覆在颗粒表面，形成一层大分子水膜，产生空间位阻效应，避免了硬团聚的发生。

（3）分散介质的选择

纳米材料制备的关键是微粒在应用中的分散状态，而微粒之间的相互作用是影响能否均匀稳定地分散于液相介质中的主要因素。由发生硬团聚的毛细现象吸附理论可知，纳米粉体的制备中分散介质的蒸发过程会引起硬团聚的发生。溶剂的蒸汽压、极性、表面张力以及与材料之间的浸润程度都是影响团聚的因素。即以单纯的水为分散介质和以有机溶剂为分散介质来制备纳米粉体时，纳米微粒间的团聚情况会有很大的差别。因此，分散介质的选择和优化会对纳米材料的制备产生明显的影响。

目前，纳米微粒的分散稳定通常有以下 3 种机理。

1）双电层稳定机理

纳米微粒表面在液相介质中通过静电力吸引异电离子形成类似于"离子氛"的双电层，双电层间的库仑斥力会极大地降低微粒的团聚，从而使纳米微粒分散稳定。

2）空间位阻稳定机理

纳米微粒表面通过吸附液相中加入的高聚物，聚合物包覆纳米微粒形成高聚物之间的空间位阻，达到稳定悬浮的效果。纳米微粒在弱极性或非极性的有机溶剂中的分散通常可认为是按空间位阻稳定机理形成的。

3）电空间位阻机理

在分散介质中选择既可起空间位阻作用又带有一定电荷可形成双电层的聚合物作为分散剂，使微粒之间排斥力达到最大，从而均匀稳定地分散微粒。

按照上述分散稳定机理，纳米颗粒的团聚受到分散介质极性的影响，表面极性强或有吸电子能力的无机颗粒易于和极性强的水溶液中的溶剂形成氢键或吸附。文献报道在简单的水溶液中用硼氢化物还原铁盐时，采用不同的操作方法，最终制备的一般不是纯金属铁而是含硼的纳米铁化合物。这表明即使采用强还原剂也很难在单纯以水为溶剂的水溶液体系中制备出纳米铁单质的微粒。近年来，研究者针对纳米材料制备过程中的分散介质的研究发现，用水和醇的混合溶液替代传统的简单水溶液的方法在制备中效果良好。分散介质由水和表面张力比水低且与水能任意比例互溶的 $C_2 \sim C_4$ 的醇类、丙酮等有机相液体构成，在这个分散体系中进行纳米材料的合成，称为醇水法。应用醇水法生成的沉淀颗粒尺寸比单一水溶剂中生成的颗粒尺寸稍大，降低了颗粒的表面张力和表面能。同时，表面吸附的醇分子替代了原来的水分子，由于醇分子具有较好的空间位阻效应，减小了颗粒间的范德华力和氢键作用等，使得生成的颗粒分布均匀、分散性好。

本节中采用醇水比例为 4∶1 的混合分散介质为反应的溶剂，既可以对淀粉等具有良好的溶解性，又可以起到较好的分散作用。

2.4.2.2　产物的后处理

纳米零价铁由于极易与氧气发生氧化，合成过程在氮气保护下进行。产物的后处理过程非常重要，会对最终微粒的粒径、分散程度和反应活性等形成影响。

首先是反应产物从体系中分离的方法，当前文献报道的方法主要是磁选，但是本章发现磁选过程中增加的磁外力会加重纳米微粒的团聚。其次，纳米铁微粒表面的残余离子及吸附水会因库仑力、范德华力和氢键等作用彼此吸引，这些离子及水的存在使干燥时颗粒间会形成盐桥并固化，形成稳定、长久的硬团聚。

因此，本章采用高速离心的方法，粒径越小的微粒沉淀越慢，其周围的微粒会很大程度减少，即减少了微粒间接触的机会，减少了团聚。对于后处理操作过程中的洗涤过程，采用在氮气保护下用脱氧后的去离子水反复、迅速清洗微粒，去除残留的离子。随后，再用表面张力小的乙醇反复洗涤，将颗粒表面吸附的配位水分子置换出去，以烷氧基取代颗粒表面的羟基，减小氢键和颗粒聚结的毛细管力，使其稳定化。最后产物固定于乙醇溶剂中，避免干燥带来的团聚，方便后续使用。

2.4.3　实验过程、产物表征与结果分析

2.4.3.1　实验一般步骤

① 将去离子水用 N_2 进行脱氧处理 30min，待用。

② 将 1.39g $FeSO_4 \cdot 7H_2O$ 溶于 1∶4 的脱氧后的去离子水和无水乙醇混合液中，在双功能恒温振荡器上使其充分溶解，在 500mL 容量瓶中定容。

③ 同步骤②配制单纯水作溶剂的 $FeSO_4$ 溶液。

④ 将 0.57g $NaBH_4$ 溶于 1∶4 的脱氧后的去离子水和无水乙醇混合液中，在双功能恒温振荡器上使其充分溶解，在 500mL 容量瓶中定容。

⑤ 同步骤④配制单纯水作溶剂的 $NaBH_4$ 溶液。

⑥ 50℃下，在锥形瓶中分别称取一定量的淀粉、CMC、糊精，通过双功能气浴恒温振荡器使其全部溶解在脱氧后的去离子中，得到质量分数为

0.1%、0.3%、0.4%、0.5%、0.6%、0.7%、0.8%、0.9%、1.0%、1.2%的淀粉、CMC 和糊精溶液，冷却至室温待用。

⑦ 在室温、N_2 下保护，量取一定量淀粉、CMC 和糊精溶液，然后加入 $FeSO_4$ 溶液，摇匀。在冰浴振荡下，将过量的 $NaBH_4$ 溶液匀速滴入。使反应完全。产物进行高速离心分离，洗涤。放置于无水乙醇中密封保存。

实验装置示意如图 2.3 所示。

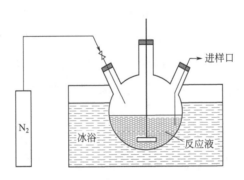

图 2.3　实验装置示意

2.4.3.2　不添加修饰剂和分散介质的制备研究

在室温、N_2 下保护，在 250mL 三口瓶中，加入 50mL 的 $FeSO_4$ 水溶液。三口瓶置于振荡器上，在冰浴中边振荡边将 50 mL 的 $NaBH_4$ 水溶液匀速滴入。滴加完毕后，继续振荡 20min，使反应完全。随后，在 N_2 保护下将反应混合液分入多个离心管中以转速为 15000r/min 离心 30min，去掉上层液体，用脱氧后的去离子水和无水乙醇各洗涤产物 3 次。最后，将离心管中产物收集到 250mL 锥形瓶中，加入 100mL 无水乙醇，密封。产物用激光粒度分析仪（LS230）和 X 射线粉末衍射仪（X'Pert PRO）进行分析表征。

不加修饰和分散剂时制备反应结束后用激光粒度分析仪进行检测，所制得的铁颗粒粒径分布情况如图 2.4 所示。

由图 2.4 可知，所制得的铁颗粒平均粒径为 126.6μm，最大粒径为 211.5μm，最小粒径为 42.37μm。产物从表观上来看虽然均匀沉淀在反应器皿底部，但其粒径远高于纳米级别，且十分容易氧化不易保存。

利用 X 射线粉末衍射仪对产物进行分析，要求待测物质必须是干燥粉末状。将所制得的纳米零价铁固体产物在氮气保护下用无水乙醇和丙酮多次洗

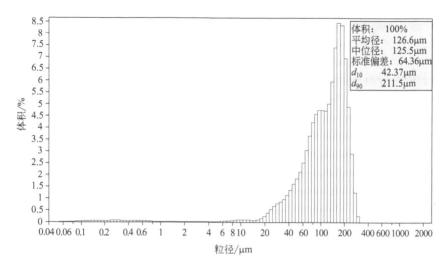

图 2.4　不加修饰和分散剂时所制得的铁颗粒粒径的分布情况

涤，固定于丙酮溶液中。从丙酮溶液中取出产物后，冷冻真空干燥。设定衍射仪测量的分析条件为：Cu 靶辐射，电流为 50mA，扫描速率为 7°/min，扫描范围为 $2\theta = 30° \sim 90°$，强度单位为 CPS（计数/秒），不加修饰和分散剂时所制得的铁粉的扫描结果如图 2.5 所示。

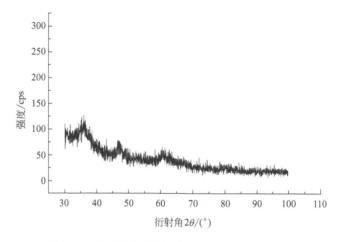

图 2.5　不加修饰和分散剂时所制得的铁粉的扫描结果

由图 2.4、图 2.5 可知，在不添加淀粉、糊精、CMC 修饰并且在纯水体系中制备的粉体平均粒径大，结晶状态差且团聚现象严重。

2.4.3.3 在不同修饰、分散作用下纳米零价铁的制备

（1）3 种表面活性剂水溶液的 pH 值

在实验开始，首先对所用到的 3 种表面活性剂水溶液的 pH 值进行了测量，目的是分析酸性、中性、碱性的分散介质对纳米零价铁制备的影响。具体步骤如下：50℃下，分别把淀粉（STARCH）、糊精（DEXTRIN）、羧甲基纤维素钠（CMC）溶解于去离子水中，配制 0.1％、0.3％、0.4％、0.5％、0.6％、0.7％、0.8％、0.9％、1.0％、1.2％浓度（质量分数）的溶液；振荡溶解完全后冷却至室温，用精密 pH 计测定各溶液 pH 值。

不同浓度修饰剂溶液的 pH 值如表 2.3 和图 2.6 所示。

表 2.3 不同浓度修饰剂溶液的 pH 值

浓度/％	CMC pH 值	STARCH pH 值	DEXTRIN pH 值
0.1	8.38	7.11	6.81
0.3	8.96	7.15	6.71
0.4	9.17	7.18	6.60
0.5	9.22	7.22	6.55
0.6	9.17	7.07	6.50
0.7	9.75	7.05	6.30
0.8	9.41	7.24	6.46
0.9	9.50	7.19	6.20
1.0	9.64	7.15	6.08
1.2	9.60	6.88	5.67

由表 2.3 中数据作图 2.6，可以看出，在所配置的浓度范围，CMC 溶液的 pH 值均大于 8，显碱性；淀粉溶液的 pH 值始终保持在 7 左右，近中性；糊精溶液的 pH 值处于 7 以下，呈酸性。

纳米零价铁的晶体形成过程中，包覆在颗粒周围的有机大分子与微粒的结合紧密程度以及分散效果与溶液中有机大分子的酸碱性有较大的关系。在碱性溶液中，OH^- 会与纳米零价铁表面的铁原子结合，使得有机分子中的羟基与铁原子的结合困难，修饰效果和分散性较差。在后面的制备研究的结果分析中将证实这一点。

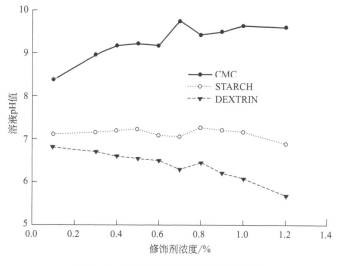

图 2.6　不同浓度修饰剂溶液的 pH 曲线

（2）表面修饰剂在不同浓度下对产物粒径、分散性的影响

按照前面确定的制备条件，本研究中对照了不同表面修饰剂浓度下所制备产物的形态，并进行结果分析，确定了最佳浓度。

具体步骤如下：

① 在室温、N_2 下保护，量取 50mL 已配置的浓度为 0.0%、0.1%、0.3%、0.4%、0.5%、0.6%、0.7%、0.8%、0.9%、1.0%、1.2%（质量分数）的 CMC、淀粉和糊精溶液，分别加到 250 mL 三口瓶中，然后分别加入 50mL 配置好的 $FeSO_4$ 新鲜水溶液，摇匀。

② 三口瓶置于振荡器上，在冰浴中边振荡边将 50mL 配置好的 $NaBH_4$ 水溶液匀速滴入；滴加完毕后，继续振荡 20min，使反应完全。

③ 分别量取 20mL 反应制备的溶液，进行超声分散 10min，在双光束紫外可见光分光光度计上测量吸光度，如表 2.4、图 2.7 所示（浓度为 0 的溶液作为空白样参比）。

表 2.4　不同浓度修饰剂作用下制备的纳米零价铁悬浮液的吸光度

分散剂浓度/%	吸光度（羧甲基纤维素钠）	吸光度（淀粉）	吸光度（糊精）
0	0.0	0.0	0.0
0.1	1.036	0.752	0.793
0.3	1.432	0.879	0.791

续表

分散剂浓度/%	吸光度(羧甲基纤维素钠)	吸光度(淀粉)	吸光度(糊精)
0.4	1.636	1.029	0.821
0.5	1.981	1.066	0.862
0.6	2.217	1.341	0.936
0.7	3.121	1.642	0.956
0.8	2.543	1.598	0.907
0.9	2.384	1.474	0.913
1.0	2.454	1.314	0.924
1.2	2.451	1.235	0.819

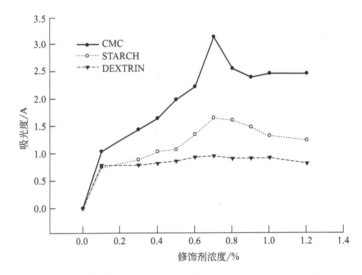

图 2.7　不同浓度修饰剂作用下纳米零价铁悬浮液的吸光度曲线

由于添加适当浓度和表面活性的表面修饰剂时，金属晶体的成核和生长方式发生改变，同时表面修饰剂对金属微粒的包结作用和自身分子的电荷排斥作用可有效阻止金属微粒的增大或团聚，由于反应体系中 Fe^{2+} 的量和分散介质都是相同的，反应所生成的纳米零价铁在溶液中的微粒越小、分散效果越好，吸光度就越高，反之则吸光度越低。所以，以紫外可见分光光度计来对纳米零价铁的分散效果做出定性的判定。

根据表 2.4 的不同浓度修饰剂作用下制备的纳米零价铁悬浮液的吸光度值作图 2.7。图 2.7 表明，淀粉、糊精和 CMC 对反应的影响规律是一致的，在纳米零价铁的制备过程中适当浓度的表面修饰剂对微粒的细化有明显的作用。对比淀粉、糊精和 CMC 3 种表面修饰剂可看出，添加糊精的影响曲线平缓，效果差，淀粉的效果较好；而 CMC 在表观上分散性能最好，但是，从 SEM 表征图可知，CMC 的吸光度高主要是由于其自身在溶液中的形态引起的。

重要的是，3 种表面修饰剂形成的曲线的峰值出现在同样的横坐标的位置，即纳米零价铁微粒的分散度并不是分散剂越多越好，而是增加到一定值后出现最大值，因此，在分散过程中需选择较佳的浓度配比进行制备，本研究从该实验数据确定分散剂浓度在 0.7% 时效果最好。

（3）不同表面修饰剂的分散效果对比

确定了表面修饰剂使用的最佳浓度之后，对该浓度下不同表面修饰剂作用下的制备效果进行了对比分析，确定了研究中使用的最佳表面修饰剂。

具体步骤如下：

① 在室温、N_2 保护下，量取 50mL 已配置的浓度 0.7%（质量分数）的 CMC、淀粉和糊精溶液，分别加到 250mL 三口瓶中，然后分别加入 50mL 配置好的 $FeSO_4$ 水-乙醇新鲜溶液，摇匀。

② 三口瓶置于振荡器上，在冰浴中，边振荡边将 50mL 配置好的 $NaBH_4$ 溶液匀速滴入。滴加完毕后，继续振荡 20min，使其反应完全。

③ N_2 保护下，将反应混合液分入多个离心管中以转速为 15000r/min 离心 30min，去掉上层液体，用脱氧后的去离子水和无水乙醇各洗涤产物 3 次。

④ 将离心管中产物收集到 250mL 锥形瓶中，加入 100mL 无水乙醇，密封保存。对产物采用 XRD 和 SEM 进行表征。

测试结果如图 2.8、图 2.9 所示。

XRD 的测试结果表明：在扫描衍射角度（2θ）为 30°～100°时分散剂质量分数为 0.7%，图 2.8 中的曲线对照铁的标准 PDF 卡片可知所制备的纳米微粒的主要成分为 α-Fe。

分析对比 XRD 图，从图 2.8(a) 中可看出 44.6°的主峰明显突出，杂峰微小，表明所制备的纳米零价铁粉结晶度高，分散性好，符合制备要求的稳定性好的特点。所以在纳米零价铁微粒的制备过程中以淀粉作为分散剂可以得到氧化程度低、稳定性好的且不影响反应活性的产物。

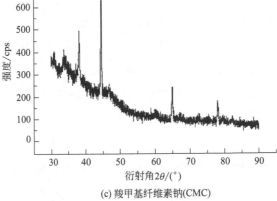

(a) 淀粉(STARCH)

(b) 糊精(DEXTRIN)

(c) 羧甲基纤维素钠(CMC)

图 2.8　不同分散剂中制备的纳米零价铁的 XRD 图谱

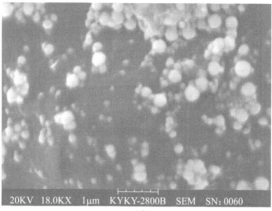

(a) 淀粉

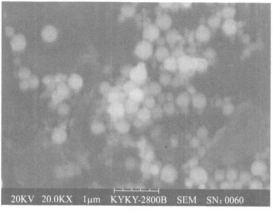

(b) 糊精

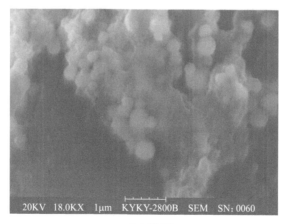

(c) CMC

图 2.9　不同分散剂制备的纳米零价铁颗粒的 SEM 形貌图

SEM 表征结果显示如图 2.9 所示，分别量取在最佳浓度配比（质量分数为 0.7%）的分散剂作用下的反应产物 20mL 进行超声分散 10min，离心沉降，取出离心后的固体再次分散于无水乙醇中，取样喷金处理后由扫描电子显微镜 KYKY 2800B 拍摄平均粒径和表面特征。对比可以明显看出，以淀粉为分散剂制备的纳米零价铁的分散效果较好。纳米零价铁微粒的形状为良好的球状体，大部分微粒的粒径在 80nm 左右，而且分散性很好。由于制备过程的震荡速度的影响和微粒间磁力的作用，仍然有少部分的微粒存在团聚的现象，但对于本研究的实验中使用效果不会产生影响。其中图 2.9(c) 显示由 CMC 作为分散剂所制得纳米零价铁微粒，与图 2.7 对照分析可知，分光光度计对 CMC 的测量结果主要是分散剂自身吸光度高，实际对纳米零价铁的分散程度较低，团聚现象明显，不适于对高铼酸根的还原固定的应用。

2.5 分散机理研究

由图 2.4、图 2.5 分析可知，不加修饰剂和分散介质时所制得的铁粉的 XRD 图谱上没有明显的衍射峰，只有 3 个峰趋势的角度，表明产物微粒很大，且粒径大小非常不匀。另外，微粒在干燥的过程中迅速变成橙红色，即产物呈现的氧化现象明显。因此，要得到在独立存在时相对稳定，而且粒径小、反应活性强的纳米零价铁，关键是对于其制备过程中分散性的研究。

2.5.1 修饰剂在最佳浓度作用下的分散效果

纳米微粒的制备过程中，分散效果的优劣决定了纳米微粒是否能发挥其特殊的性能。因此，制备的关键问题是怎样提高微粒的分散性。利用具有表面活性作用的有机大分子可以有效降低水溶液中的表面张力，在纳米微粒表面形成一层分子膜阻碍颗粒之间相互接触。

有机分子包覆纳米微粒示意如图 2.10 所示。

由于材料化合物在溶剂介质中的溶解—沉析时形成晶桥，使得纳米颗粒围绕晶桥相互结合，形成硬团聚。当在微粒沉淀过程中加入表面活性剂时，由于作为稳定剂的有机大分子的各种官能团作用，一方面与沉淀物微粒结合，使有机大分子固定在微粒表面，另一方面由于自身的空间位阻作用在溶液中充分伸展，阻止微粒相互靠近形成位阻层，阻碍微粒的相互碰撞，发生减小比表面积

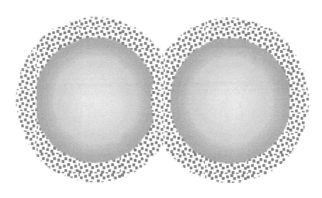

图 2.10　有机分子包覆纳米微粒示意

的变化，即吉布斯（Gibbs）自由能 $\Delta G < 0$ 的变化，最终引起团聚和重力沉降的现象。当微粒均匀分布，即 $\Delta G > 0$ 时，分散体系趋于达到良好的分散效果。也就是说，分散性好的时候产物具有较高的 Gibbs 自由能，纳米微粒有聚合、凝聚增大比表面积的趋势，要想维持这样的状态稳定存在，就要有外界的作用力维持这个平衡。有机大分子的结构使其在溶液中可以围绕晶核，抑制晶粒的生长，使体系趋于稳定。

修饰剂通过产生空间位阻作用、静电稳定效应和静电空间位阻稳定效应改变纳米微粒的表面电荷分布达到分散效果，同时通过包覆降低了微粒的自然氧化程度，但不影响微粒本身的活性。由于铁原子中电子的自由移动，使得纳米零价铁微粒表面呈现一定的正电性，因此在静电引力作用下使得带羟基和羧基的修饰剂围绕在微粒周围。而淀粉、CMC 和糊精都是有机长链化合物，有利于在纳米零价铁周围形成一层"保护膜"，修饰剂对纳米零价铁的作用如图 2.11 所示。由于修饰剂之间的相互排斥作用，起到很好的分散效果。

纳米零价铁颗粒具有大的表面能和很高的活性，表面原子的 3d 轨道缺少邻近配位的原子，从而使得纳米微粒间发生团聚的趋势较强；而有机大分子的包覆有效阻止了这样的变化。因此，购买的纳米零价铁粉 [图 2.12(a)] 和不加分散剂制备的纳米零价铁粉 [图 2.12(b)] 都易发生团聚，不利于下一步还原固定铼的实验研究。

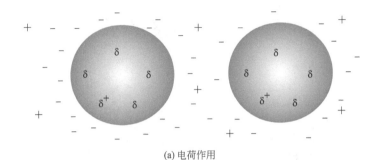

(a) 电荷作用

(b) 分子包覆

图 2.11　修饰剂对纳米零价铁的作用示意

2.5.2　分散介质作用机理

在本节的实验中，以乙醇和水的溶液作为分散介质。

根据热力学原理，在液相环境中的固体在结晶过程中，其过程是与固液两相的蒸汽压密切相关的。晶体内部受到的力的作用不同于其表面分子或原子受到的力的作用。它们有如下关系：

$$p^{(s)} = p^{(l)} + p_s \tag{2.6}$$

式中　$p^{(s)}$——固体内部受到的压力；

　　　$p^{(l)}$——固液界面上的压力；

　　　p_s——附加压力。

附加压力产生示意如图 2.13 所示。

(a) 购买的纳米零价铁粉

(b) 制备的纳米零价铁粉

图 2.12　购买的纳米零价铁粉和实验制备产物对比

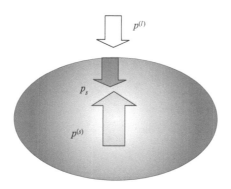

图 2.13　附加压力产生示意

根据拉普拉斯（Laplace）方程，有：

$$p^{(\alpha)} = p^{(\beta)} + \sigma \frac{\mathrm{d}A_s}{\mathrm{d}V^{(\alpha)}} \tag{2.7}$$

式中，$p^{(\alpha)}$——α 相内部压力；

$p^{(\beta)}$——β 相内部压力；

A_s——固体表面积；

$V^{(\alpha)}$——α 相体积；

固体体积为：

$$V^{(s)} = \frac{4\pi r^3}{3}$$

随着固体微粒的增大，其体积的增加为：

$$\mathrm{d}V^{(s)} = 4\pi r^2 \,\mathrm{d}r$$

表面积为：

$$A_s = 4\pi r^2$$

表面积的增加为：

$$\mathrm{d}A_s = 8\pi r \,\mathrm{d}r$$

对于固液两相中的变化，上式可得：

$$p^{(s)} = p^{(l)} - \frac{2\sigma}{r} \tag{2.8}$$

式中 σ——表面张力。

对照附加压力的定义式可得：

$$\frac{2\sigma}{r} = p_s \tag{2.9}$$

所以，微粒的大小决定于表面张力和附加压力的大小。如果附加压力不变，表面张力越大，其表面能越高，半径就增大。因此，以适当的分散剂和分散介质可以有效降低零价铁原子之间的表面张力，使其在较小半径下能稳定存在。

根据界面化学中的 Kelvin 方程

$$\ln \frac{p_r^*}{p^*} = \frac{2\sigma M}{RT\rho r} \tag{2.10}$$

式中 r——晶体成核半径；

σ——溶液的表面张力；

M——晶体的质量；

T——温度；

p^*——纯液相的饱和蒸汽压；

p_r^*——实际状态下液相的饱和蒸汽压；

ρ——生成的晶体密度。

从式（2.10）中可见，常温下，乙醇比水的饱和蒸汽压大，p_r^* 增大，即等式左边增大，则 r 变小。通过该公式可以直观地看出晶粒大小与液相的饱和蒸汽压之间的函数关系。通过改变液相的蒸汽压就能够在一定程度上控制晶粒成核尺寸的大小。有机醇可以改变液相的蒸汽压，蒸汽压增大，生成的晶粒尺寸就变小；反之则变大。

有机醇与纳米零价铁作用示意如图 2.14 所示。

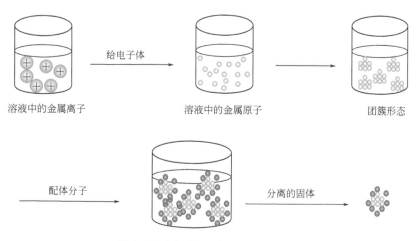

图 2.14　有机醇与纳米零价铁作用示意

通过对比纯水为分散介质和乙醇——水体系为分散介质制备的纳米零价铁可以看到，有乙醇介质存在时制备的微粒纯度高、比表面积大、活性强，其特殊的表面形态和高的比表面积均有利于后续实验的进行。所以，从药剂来源、毒性及价格因素等角度考虑，选用乙醇-水作为纳米零价铁合成的分散介质，制备出粒度较小且分散性良好的纳米微粒。

2.6　本章小结

本章以合成纳米零价铁为目标，探索了在添加不同有机大分子作为分散剂、不同的分散介质作为反应溶剂、反应过程中对氧气的控制以及反应体系的振荡频率等条件下用液相还原的方法制备纳米零价铁的方法。通过用淀粉、糊精和羧甲基纤维素钠对纳米零价铁微粒表面包覆，制备了适合于还原高铼酸根的纳米零价铁；并利用扫描电镜、激光粒度分析仪、双光束紫外可见分光光度计、X 射线粉末衍射仪等对产物进行了表征，随后对实验结果和分散机理进行了分析和探讨。

得到如下结论：

① 制备过程中不添加修饰剂和分散介质时，其产物经表征不仅粒径大、容易继续团聚而且还原固定效果差，达不到后续研究使用的要求。

② 选择了无毒无害、简单易得的淀粉和乙醇作为修饰剂和分散介质，通过对比单纯的去离子水作为溶剂和醇水混合体系作为溶剂的不同分散体系下制备的纳米零价铁，研究得出，在乙醇与水比例为 4∶1 的体系中添加淀粉在配比浓度为 0.7％时，制备的纳米零价铁比表面积大，反应活性强，分散性好，纯度高。

③ 本章结果表明，对制备产物的磁选分离会增加铁微粒的外磁力，引起团聚。选用高速离心分离可以避免团聚、提高分散性。

参 考 文 献

[1] Matteazzi P，Basset D，Miani F，et al. Mechanosynthesis of nanophase materials [J]. Nanostructured Materials，1993，2 (3)：217-223.

[2] Del Bianco L，Herando A，Navrro E，et al. Structural configuration and magnetic effects in as-milled and annealed nanocrystalline iron [J]. Journal De Physique，1998，8 (2)：107-110.

[3] Malow T R，Koch C C，Miraglia P，et al. Compressive mechanical behavior of nanocrystalline Fe investigated with an automated ball indentation technique [J]. Materials Science & Engineering A：Structural Materials：Properties，Microstructure and Processing，1998，(1)：36-43.

[4] Shingu P H. Metastability of amorphous phases and its application to the consolidation of rapidly quenched powders [J]. Materials Science and Engineering，1988，29：137-141.

[5] 陈洪，徐祖耀，等 . 机械球磨制备 Fe 纳米晶及其 Mösbauer 效应 [J]. 金属学报，1995，2：73-76.

[6] 江万权，朱春玲，陈祖耀，等 . 超细 Fe 粒子对磁性粒子浓悬浮液体系磁流变性能的增强 [J]. 化学物理学报，2001，14 (5)：629-632.

[7] Islamgaliev R，Chmelik F，Gibadulin I，et al. Nanocrystalline structure formation in ger-manium subjected to severe plastic deformation [J]. Nanostructured Materials，1994，4 (4)：387-395.

[8] Rempel A A，Nazarova S Z. Magnetic properties of iron nanoparticles in submicrocrystalline copper

[J]. Materials Science Forum, 1999, 307: 217-222.

[9] 魏智强, 温贤伦, 吴现成, 等. 直流电弧等离子体法制备镍纳米粉 [J]. 兰州大学学报, 2003, 39 (5): 38-40.

[10] Cui Zuolin, Zhang Zhikun. Ce-Ni nanoparticles with shell structure for hydrogen storage [J]. Nanostructured Materials, 1996, 7: 355-361.

[11] 郝春成, 催作林. 纳米铁氧化中的尺寸和压力效应 [J]. 功能材料, 1997, 5: 471-473.

[12] 陈克正, 张志琨. 氢电弧等离子体法制备的纳米镍铈粒子的催化特性 [J]. 功能材料, 1996, 27 (6): 562-564.

[13] 张现平, 张志琨, 崔作林. 氢电弧等离子体法制备碳包铁纳米粒子 [J]. 材料科学与工程, 2004, 22 (4): 596-598.

[14] Gleiter H. Nanocrystalline materials [J]. Progress in Materials Science, 1989, 33 (4): 223-231.

[15] 李发伸, 杨文平, 薛德胜. 纳米 Fe 微粒的制备及研究 [J]. 兰州大学学报, 1994, 30 (1): 144-146.

[16] Sanchez-lopez J C, Fernandez A. Role of oxide passivation layers in nanocrystalline metal powders and consolidated materials [J]. Materials Science Forum, 1997, 269 (2): 827-832.

[17] 田春霞. 纳米粉末的制备方法综述 [J]. 粉末冶金工业, 2001, 11 (5): 19-24.

[18] 柳学全, 徐教仁. 纳米级金属铁颗粒的制取 [J]. 粉末冶金技术, 1996, 14 (1): 26-29.

[19] 赵新清, 梁勇. 纳米铁微粒表面氧化物的结构及磁性 [J]. 金属学报, 2001, 37 (6): 633-636.

[20] 刘思林, 滕荣厚, 徐教仁等. 用热分解法制备纳米级铁粉 [J]. 粉末冶金技术, 1999, 9 (2): 28-30.

[21] 曹茂盛, 邓启刚, 鞠刚, 等. α-Fe 纳米粉末制备及其表征 [J]. 化学通报, 2000, (2): 42-43.

[22] 曾京辉, 郑化桂, 曾恒兴. 纳米 α-Fe 金属粉合成 [J]. 磁记录材料, 1998, 4: 14-17.

[23] Santos A, Macedo WA, Ardisson JD, et al. Fe-Al$_2$O$_3$ nanocomposite: synthesis and magnetic properties [J]. Materials Research Society Symposium-Proceedings, 2000, 581: 333-338.

[24] 程起林, 赵斌. 液相还原法制备 Fe-Cr 纳米粉末 [J]. 华东理工大学学报, 1999, 5: 499-502.

[25] 王薇. 包覆型纳米铁的制备及用于地下水污染修复的实验研究 [D]. 天津: 南开大学, 2008.

[26] 王宝利, 朱振峰. 无机纳米粉体的团聚与表面改性 [J]. 陶瓷学报, 2006, 27 (1): 135-138.

[27] 张心亚, 沈慧芳, 黄洪, 等. 纳米粒子材料的表面改性及其应用研究进展 [J]. 材料工程, 2005, 10: 58-63.

[28] 罗颖, 容敏智, 章明秋, 等. 纳米粒子表面改性的研究进展 [J]. 宇航材料工艺, 2005, 5: 5-10.

[29] 陈平, 左芳, 董星龙, 等. 聚合物-金属纳米复合材料的制备和应用 [J]. 高分子通报, 2006, (2): 18-45.

[30] 邢曦, 李疏芬. 纳米粒子的表面包覆技术 [J]. 高分子材料科学与工程, 2003, 19 (6): 10-13.

[31] 汤国虎, 叶巧明, 连红芳. 无机纳米粉体研究现状 [J]. 材料导报, 2003, 17 (9): 26-30.

[32] 徐存英，段云彪，张鹏翔，等.纳米二氧化钛的表面改性 [J].云南化工，2000，27（5）：6-7.

[33] 杜振霞，贾志谦，饶国瑛，等.纳米碳酸钙表面改性及在涂料中的应用研究 [J].北京化工大学学报，1999，26（2）：33-35.

[34] 章文贡，陈田安，陈文定.铝酸酯偶联剂改性碳酸钙的性能与应用 [J].中国塑料，1988，2（1）：23-27.

[35] 王小梅，潘明旺，张留成.类球型纳米粒子的表面修饰改性 [J].高分子材料科学与工程，2005，21（3）：10-13.

[36] 高濂，孙静，刘阳桥.纳米粉体的分散及表面改性 [M].北京：化学工业出版社，2003.

[37] Jeyadevan B，Suzuki Y，Tohji K，et al. Encapsulation of nano particles by surfactant reduction [J]. Materials Science and Engineering，A 1996，17（2）：54-57.

[38] Shpaisman N，Margel S. Synthesis and characterization of air-stable iron nanocrystalline particles based on a single step swelling process of uniform polystyrene template micro-spheres [J]. Chemistry of Materials，2006，18（2）：396-402.

[39] Mitov M，Popov A，Dragieva I. Nanoparticles produced by borohydride reduction as precursors for metal hydride electrodes [J]. Journal of Applied Electrochemistry，1999，29（1）：59-63.

[40] 刘剑，曹瑞军，郗英欣.表面活性剂在纳米粉体制备中的应用 [J].化工新型材料，2003，31（7）：37-39.

[41] Zhang W X，Wang C B. Synthesizing Nanoscale Iron Particles for Rapid and Complete Dechlorination of TCE and PCB8 [J]. Environmental Science and Technology，1997，31（7）：2154-2157.

[42] 丰平，熊惟皓，纳米 TiN 粉末在水溶液和无水乙醇中的分散行为 [J].过程工程学报，2005，（1）：62-65.

[43] Jeong Y U. Manthiram A. Synthesis of Nickel Sulfides in Aqueous Solmions Using Sodium Dithionite [J]. Inorganic Chemistry，2001，40（1）：73-77.

[44] 贺拥军，杨伯伦.微乳液和均匀沉淀耦合法制备 CeO$_2$ 纳米粒子 [J].化学通报，2003，2：120-124.

[45] 傅献彩，沈文霞，姚天扬，等.物理化学（第五版）[M].北京：高等教育出版社，2005.

[46] Ding Q W，Qian T W，Liu H F. Preparation of Zero-valent iron nanoparticles and study of dispersion [J]. Applied Mechanics and Materials，2011，Vols.（55-57），1748-1752.

[47] Ding Q W，Zhang M G，Zhang C R. Synthesis and absorbing mechanism of two-layer microwave absorbers containing polycrystalline iron fibers and carbonyl iron [J]. Journal of Magnetism and Magnetic Materials，2013（331），77-81.

[48] 王雪，丁庆伟，刘宏芳.不同分散剂作用下制备纳米铁及表征.太原科技大学学报，2010，Vol.31（5），432-435.

第3章

纳米级天然黄铁矿粉末的制备
及表面反应活性研究

纳米零价铁对地下水中铼的原位还原固定适用于应急处置，但是对于放射性废物处置库的长效屏障，需要能够在地下长期稳定存在的材料。经过查阅大量文献资料，本章确定利用天然黄铁矿作为处理处置的材料来进行研究。

天然黄铁矿在自然界广泛存在，而且是许多矿物的伴生矿，在尾矿中常含有许多黄铁矿。因此，黄铁矿不但是一种低成本、易获得的材料，而且对黄铁矿的研究和利用有助于实现尾矿再利用的目的。但是由于天然黄铁矿晶体的稳定性，利用传统方法简单制备的黄铁矿粉体反应活性低，不能与高铼酸根（ReO_4^-）顺利发生反应。因此，核废物屏障材料的研究需要制备出一种具有较多反应活性位点、能在相对较短时间还原固定 ReO_4^- 的天然黄铁矿超细微粒。

3.1　黄铁矿粉末制备技术

黄铁矿主要用来制备硫酸等，其粉末的制备应用较少，本章通过对传统制备方法进行研究，探索制备天然黄铁矿的纳米级粉体的方法。

当前，黄铁矿粉体的制备主要有如水热法、机械化学法等方法。

3.1.1　水热法

水热法是 20 世纪 70 年代开始兴起的。因为水热法制备过程较好地避免了因简单球磨和高温煅烧等后续处理引起的结构缺陷和杂质的问题，制备的微粒具有纯度高、物相均匀、粒径小、晶粒发育良好、粒度分布窄，团聚程度轻等优点，所以该技术迅速受到许多工业发达国家的高度重视和研究应用。如美国、日本和法国等国家相继建立了专门的水热实验室或研究中心。

水热合成技术经过几十年的发展，已经应用到低维材料合成与控制和纳米材料的液相合成等方面，并且显示出其独特的特性。研究者可以结合自己的需要，选择合适的原料设计合成路线。吴荣等用水热法以硫酸亚铁，硫代硫酸钠和硫粉在酸性环境中制备 FeS_2；用晶种法以酒石酸和 EDTA 优化反应条件在碱性环境中制备 FeS_2 纳米粉体。段鹤等用溶胶-凝胶水热法制备出 FeS_2 纳米粉体，用电泳沉积的方法将粉体制成薄膜。

水热法主要是以合适的原料合成黄铁矿粉体，不适于天然黄铁矿的研究。

3.1.2 机械化学法

机械化学法是指利用机械运动能量与化学能量之间相互转换，使体系的物理性质和化学性质发生改变的方法。机械化学法的特点是反应体系在机械运动过程中所接受到的能量和转化为化学能的能量在空间和时间上具有不均衡性；各物质在反应体系中相互之间复杂的物理化学作用往往同时发生并且可能引发二次过程。因此，机械化学反应可沿常规条件下不同于热化学反应的机理和产物的方向进行。基于机械化学法的这些特点，其体现出了重要的理论价值和广泛的实用性，吸引了研究者的目光和兴趣，促进了该方法的迅速发展。但是由于人们还缺乏对机械化学独特应用效果的许多机理的足够认识，机械化学的研究还停留在比较初级的阶段。

由于机械作用机理有可能是几种因素共同作用的结果，而且作用的差异较大，Milosevie 等认为在机械力的作用下可以导致结构裂解与晶格松弛，会激发出高能电子和离子形成等离子区，称为机械作用等离子体模型。可以用键开裂模型和摩擦等离子区模型来解释新生表面具有很高反应活性的原因。Balfiz 的研究表明，当硫化矿物与醇类有机溶剂在机械混合时，使黄铁矿表面的晶格畸变率和比表面积增大，黄铁矿表面的活性位点也随之增加，从而提高了反应活性。一般的热化学反应的电子能量即使在反应温度在 1000℃ 以上时也只有 4eV，光化学反应的紫外电子能量也不会高于 6eV，然而机械力作用下的高激发态诱发的电子能量能够超过 10eV。所以，机械化学的作用有可能降低固体物质热化学反应的温度，使反应速率增快，从而进行一般的热化学所不能发生的反应。

文献报道，固体在机械力作用下，材料表面晶体结构会被破坏，这些产生的新生表面具有非常高的反应活性，如 SiO_2 表面产生破坏时发现表面共价键产生裂开现象且带正负电荷，提高了表面原子参与反应的活性，容易发生化学反应。材料颗粒经机械粉碎作用后生成微粒的表面性质与原颗粒对比会有很大的不同，在机械力的持续作用下，微粒表面处于亚稳高能的活性状态，体现为活性位点不断增多，有利于发生物理化学变化。这是因为物料在粉碎过程中，不仅粒径、微粒表面的晶体结构等发生变化，同时机械作用力还会诱发物质的溶解度、溶解速率、离子交换和置换能力、分散度、吸附、电性、密度等一系列的物理化学性质。李洪桂、颜景平等发现，用振动磨干磨黄铁矿粉体后，黄铁矿粉体氧化峰的位置向低温区移动；研磨 40min 后，晶体的晶格常数由 54.174nm 变化到 54.244nm；经研磨 20min 后，活化能即从 69kJ/mol 下降到 52kJ/mol，在 40min 后，活化能继续下降到 48kJ/mol。邹俭鹏等研究了行星球磨机干磨黄铁矿后的粉体结构特性。研究表明黄铁矿粉体发生了 3 个方面的变化：a. 随着粒径的变小、比表面积的增大，表面吉布斯能增加；b. 表面结构和内部结构发生塑性变形、晶块细化、晶格畸变、位错和缺陷等的变化，增加了机械储能；c. 表面有极少量新物质生成引起化学性质的变化。

根据以上理论阐述和实验总结，本章探索利用机械化学法进行制备天然黄铁矿超细化粉体。通过优化传统机械球磨的方法，使黄铁矿晶体在制备过程中发生结构和表面能量的变化，最终得到适宜后续研究使用的超细粉体。

3.2 纳米级天然黄铁矿粉末制备方法的确定

3.2.1 机械活化的理论解释

机械活化可以提高黄铁矿的晶格畸变率和反应活性，主要从以下两方面说明：

① 在球磨过程中，颗粒表面化学键被打断，大量不饱和化学键、自由离子和电子等产生，晶体内能增大，提高了原子的活性，而且小粒径黄铁矿粉体具有大的比表面积和表面能，相应表面上的反应位更多，从而加速了反应；

② 机械活化不仅可以减小黄铁矿的粒径，而且在球磨过程中，其晶格会发生畸变，粒径越小晶格畸变率越高，晶格畸变产生了自由键，从而加大了反应活性。

机械活化过程中，由于磨球与磨球、磨球与球磨罐壁等的高速碰撞，导致温度升高，所得的黄铁矿粉末热缺陷浓度增大，反应活性相应也增大。靳正国等研究指出当晶体所处的温度确定，缺陷形成能不变的情况下，热缺陷浓度随温度升高呈指数增加。

粉体超细化技术是纳米材料制备技术的重要基础，细化后的超细粉体极易团聚，为了能正常发挥其物化特性，需要对其进行表面改性。机械化学作用原理的应用为粉体的超细化和表面改性提供了新的理论和方法，而且可以在细化粉体的同时进行表面改性。

3.2.2　制备方法的确定

针对天然黄铁矿粉末化、表面改性和表面活化，不适宜选择水热法，而且化学方法制备的 FeS_2 也不适于在本实验中使用。因此采用高能球磨法（机械活化法）制备黄铁矿微粒，并探索得到纳米级微粒的方法，以达到研究目的。高能球磨法是机械化学法制备纳米材料的具体方法之一，具有反应条件要求低、操作方便、产物可直接获取、成本低等优点，是目前在实验室制备天然黄铁矿超细粉体的广泛使用的方法。

纳米级黄铁矿介于宏观的常规细粉和微观的简单晶体之间的过渡区域，故呈现出一些独特的性质，制备方案采用纯度高的天然黄铁矿在一定溶剂中机械活化、改性，使其稳定的晶体结构发生晶型畸变，有利于发生反应。制备得到的纳米级黄铁矿进行超声分散，得到微粒尺寸小、分散性好的产物。

本章将对传统机械粉碎方法进行优化改进后制备纳米级黄铁矿，以得到分散性能好和稳定性高的微粒。具体过程采用在醇介质中选择球料比进行机械活化，然后超声分散的方式得到黄铁矿的超细粉末。

3.3　纳米级天然黄铁矿粉末的制备、表征和结果分析

3.3.1　实验试剂和仪器

在实验中用到的主要试剂和仪器如表3.1、表3.2所列。

表 3.1　主要实验试剂

名　　称	化　学　式	规　　格
氮气	N_2	高纯(99.999%)
高纯氮混合气体	N_2,CO_2,H_2	$(N_2\ 90\%,CO_2\ 5\%,H_2\ 5\%)$
氩气	Ar	高纯(99.999%)
无水乙醇	C_2H_5OH	分析纯
氢氧化钠	NaOH	分析纯
黄铁矿	FeS_2(云南石林西纳村)	北京水远山长矿物标本公司

表 3.2　主要实验仪器

名　　称	型　　号
电子分析天平	CPA225D
精密 pH 计	PHB-1
高速离心机	HITACHI CF16RXⅡ
数控超声波清洗器	KQ-500DB
双功能气浴恒温振荡器	ZD-85
冷冻干燥箱	LYO GT21 GT2-E
行星式球磨机	QM-3SP04
低氧手套箱	天美(中国)科学仪器有限公司
X 射线能谱仪(EDS)	Noran system 7
冷场发射扫描电镜(SEM)	KYKY 2800B/S 4800
X 射线粉末衍射仪(XRD)	X'Pert PRO
X 射线光电子能谱仪(XPS)	AXIS ULTRA DLD
激光粒度分析仪(LPSA)	LS230
高分辨透射电子显微镜(HRTEM)	JEM-2010

3.3.2　实验条件的选择

3.3.2.1　分散介质的确定

本节在不加分散介质的条件下，以常规使用的干磨的方法制备天然黄铁矿的超细粉体。但是，产物在与 ReO_4^- 的反应中活性很低，基本不反应。

在乙醇体系中，针对不同的时间对黄铁矿进行高能球磨，发现随着球磨时间的增加，球磨后黄铁矿粉体的粒度先迅速减小，随后减小趋势随球磨时间的增加而减缓。在具有相同—OH 基团的一系列醇类介质中，乙醇能更好地吸附在黄铁矿粉体的新生表面和裂缝中，从而更大程度地降低粉体的强度和硬度或者阻碍断裂键的复合，促使裂纹扩展和新表面的生成，产生"劈裂效应"。因此，非水环境中非水介质的碳链越短，机械超细粉碎制备黄铁矿粉体时的球磨速度和效率就越大。当非水介质中的极性基团和黄铁矿的晶格原子相似时，能更加促进黄铁矿的化学键断裂和新表面生成，并更好地沿黄铁矿的晶体缺陷和新表面下的裂痕进行浸润，降低黄铁矿的晶格能和表面能，以利于黄铁矿沿这些缺陷和裂纹进行碎裂，从而提高黄铁矿的球磨速度和效率，降低黄铁矿粉体的粒度。黄铁矿在非水介质中进行超细球磨制备时，符合无机化学中的软硬酸碱理论，易与基团极性较小的非水介质相互吸附。因此，在醇类体系中，乙醇介质下机械球磨黄铁矿的球磨速度和效率比在其他的非水介质下要大。

3.3.2.2 机械活化时间的确定

机械化学方法制备矿物的超细粉末时，机械活化的时间是制备过程的重要影响因素。李洪桂等从晶格畸变的角度对机械活化黄铁矿的最佳活化时间进行了分析，阐述了机械活化过程中存在最佳活化时间和活化时间过长后的矿物失去活性的问题。邹俭鹏等以电化学方法将活化矿和未活化矿构成原电池进行测试，对机械活化最佳活化时间进行了研究。因此，本书把机械活化时间的探索作为制备的关键步骤之一，认真探索了不同活化时间下所制备微粒的形态，确定了适于后续研究所用产物的制备时间。

3.3.2.3 磨球比例的选取

磨球的大小尺寸选取以及配比是能否把矿粒细化到纳米级的关键，本书在前期进行的多次制备过程中得到的产物不仅粒径大而且大小不均匀，形状不规则。研究后分析原因如下：几个大球即使紧密接触时中间也会有一个空隙，如图 3.1(a) 阴影部分。如果矿粒处于这个空隙当中时，随着磨球的移动，有可能总是游离在这些空隙之中，因此需要在这个空隙中放入一个小球，使得矿粒不再能存在于这个空隙，大小球之间配合滚动会使磨制效果更好。

因此，首先确定大小磨球的比例。以体心立方的晶体结构说明，如图 3.1(b) 所示，按照晶胞的原子个数的计算方法，八个顶角是大球，中间一个是小球，则有：大球个数 $=8 \times 1/8 = 1$，小球个数为 1，确定大小球比例为 1:1。其次，要确定小球的直径，如图 3.1(c) 所示大小球半径之比为 $r : r' = 1 : (\sqrt{2} - 1)$，由于磨罐体积决定大球直径 8mm 适合于使用，因此小球直径为 3mm。

综上所述，本节选取相同个数的 8mm 和 3mm 的磨球，结果显示能明显降低矿粉的粒径。

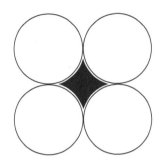

(a) 磨球间空隙

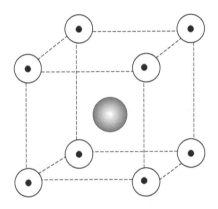

(b) 磨球比例

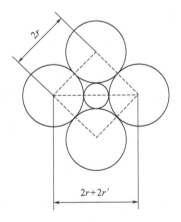

(c) 磨球直径

图 3.1　大小磨球比例选取分析

3.3.3　实验过程、产物表征与结果分析

3.3.3.1　实验一般步骤

黄铁矿粉末采用 QM-3SP04 行星式球磨机制备，球磨罐有效体积 50mL，磨筒和磨球均为陶瓷材质，磨球直径为 8mm 和 3mm，添加个数比例为 1∶1。在磨制之前，先将块状黄铁矿在 1mol/L 的稀盐酸中浸泡 2h，去除表面的杂质及氧化物；之后用脱去氧后的离子水冲洗干净，静置干燥，人工粉碎，过 20 目的筛网，待用。

每次实验称取上一步骤中粗制的黄铁矿一定量，加入陶瓷材质磨球，以一定球料比分四罐装入行星式球磨机中，再根据实验研究需要，加入不同的非水反应介质或不加。在湿磨时，矿浆体积比在 1∶1，设定球磨机转速为 450r/min 后进行机械活化。球磨活化一定时间后，取适量的样品进行分析，其余的充氮气，保存于手套箱中，待用。

超声分散后的黄铁矿粉末如图 3.2 所示。

图 3.2　超声分散后的黄铁矿粉末图片

黄铁矿粉体的粒度采用 LS230 型激光衍射粒度分析仪进行检测，分散剂采用水或无水乙醇，待测样加分散剂后经超声波分散后测试。X 射线分析则采用 X'Pert PRO X 射线衍射仪（Cu 靶辐射，石墨单色器，管电压 40kV，管电流 300mA）检测粉体。

3.3.3.2　球料比的选择实验

按照实验的基本操作，将前面人工粉碎并前处理的矿粒分别在球料比（磨

球与黄铁矿的质量比）为 2：1、5：1、10：1、20：1 的条件下，磨制 12h，将制备好的黄铁矿粉末进行 1min 喷金处理，用 S 4800 型冷场发射扫描电镜（SEM），观察黄铁矿粉末的形貌。

取样喷金处理后由扫描显微镜 KYKY 2800B 拍摄平均粒径和表面特征，黄铁矿粉末的形貌拍摄的照片如图 3.3～图 3.6 所示。

图 3.3　球料比为 2：1，球磨 12h 黄铁矿粉末的 SEM 形貌图

图 3.4　球料比为 5：1，球磨 12h 黄铁矿粉末的 SEM 形貌图

在机械粉碎矿物制备粉末的过程中，球料比（磨球与黄铁矿的质量比）和球磨时间是制备效果的关键因素。因此，本节在球料比分别为 2：1、5：1、

图 3.5　球料比为 10∶1，球磨 12h 黄铁矿粉末的 SEM 形貌图

图 3.6　球料比为 20∶1，球磨 12h 黄铁矿粉末的 SEM 形貌图

10∶1、20∶1 的条件下，球磨 12h 的黄铁矿粉末形态，通过 SEM 表征，从图 3.3～图 3.6 得出表 3.3 所列结果。

表 3.3　球磨 12h 不同球料比下所得黄铁矿微粒的粒径范围

编　　号	球料比/(g/g)	黄铁矿平均粒径/μm
1	2∶1	5～25
2	5∶1	0.5～2.5
3	10∶1	0.2～2
4	20∶1	0.2～1.5

表 3.3 为不同球料比、球磨 12h 条件下所得的黄铁矿粉末的平均粒径范围，可以明显看出，球料比为 10∶1 和 20∶1 的条件下所得的黄铁矿粉末粒径明显小于球料比为 5∶1 和 2∶1 条件下所得的黄铁矿粉末粒径，并且大的球料比下所得黄铁矿粉末的形态也呈现出较规则的球形。当球料质量比过小或球磨时间过短，所得黄铁矿粉末粒径较大，形状多不规则，多数粒径约 $20\mu m$。如图 3.5 所示，当球料质量比在 10∶1 时，球磨时间 12h 条件下所得黄铁矿粉末粒径相对均匀，形状规则，多数粒径约 200nm。如图 3.6 所示，继续增加球料比时，所得黄铁矿粉末与图 3.5 所示相差不大，由于考虑成本核算、能源消耗的原因，因球料比为 20∶1 时粉末的产率太低，因此确定实验所用球料比为 10∶1。

3.3.3.3 不同球磨时间的影响

分别对球料比 10∶1，磨制 2h 和 12h 的黄铁矿粉末用激光粒度分析仪进行测试，对比制备的效果，结果如图 3.7、图 3.8 所示。

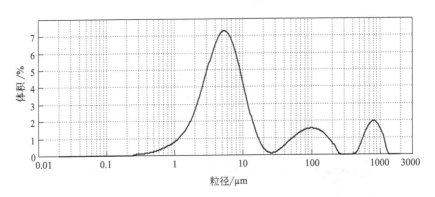

图 3.7 球料比 10∶1，球磨时间 2h 黄铁矿粒径的分布情况

图 3.7、图 3.8 可以明显看出，随着时间的延长黄铁矿粉末的粒径分布曲线向左移动，而且，图 3.8 中没有发现图 3.7 中在 $900\mu m$ 附近的峰。这表明球料比一定的时候，球磨时间达到 12h 不再存在粗制的矿粒。随着时间的延长黄铁矿粒径明显减小。但由于激光粒度分析仪 LS230 在检测过程中遮蔽率达到 14% 时才能够显示出测量结果，主要应用于微米级微粒的检测，对小粒径微粒不能显示，所以具体粉末的形貌由 SEM 表征。

按照实验的基本操作，将前面人工粉碎并前处理的矿粒在球料比（磨球与

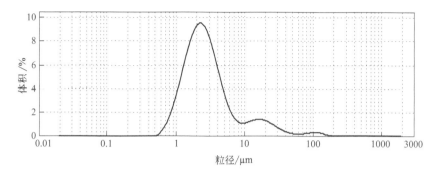

图 3.8　球料比 10∶1，球磨时间 12h 黄铁矿粒径的分布情况

黄铁矿的质量比）10∶1 的条件下，分别磨制 6h、12h、24h、36h，将制备好的黄铁矿粉末进行 1min 喷金处理，用 S-4800 型冷场发射扫描电镜（SEM），观察黄铁矿粉末的形貌。取样喷金处理后由激光粒度分析仪 LS230 初步判断不同时间的影响。然后由扫描显微镜 KYKY 2800B 和 X 射线粉末衍射仪（XRD）X'Pert PRO 进行表征。

如图 3.9、图 3.5（12h 的图片）、图 3.10 和图 3.11 所示。

图 3.9　球料比为 10∶1，球磨 6h 黄铁矿粉末的 SEM 形貌图

由图 3.9 可以看到，球磨 6h 的黄铁矿微粒粒径大，而且大小不均匀。把这样的粉末按照第 5 章实验操作进行反应，经过 ICP 检测 ReO_4^- 的 24h 去除率不到 1%。因此，这样的粉末不适于后续研究的应用。

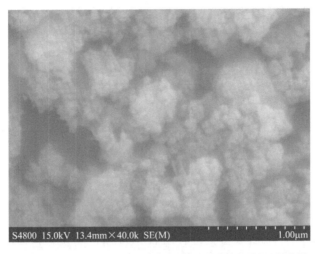

图 3.10　球料比为 10∶1，球磨 24h 黄铁矿粉末的 SEM 形貌图

图 3.11　球料比 10∶1，球磨时间 36h 黄铁矿的 SEM 形貌图

由图 3.10 和图 3.11 可以看出，最小的微粒粒径已经达到 100nm 以下。但是，粒径不均匀，大的微粒粒径在 2μm 左右且形状不规则。这是由于磨制过程中微粒发生团聚和粘壁现象严重，导致微粒不能与磨球充分接触、碾压，形成这样的形态。

综上所述，球磨时间是机械活化的另一个重要参数，确定合理的球磨时间对于球磨效率的提高具有重要的意义。

根据图 3.9、图 3.5、图 3.10 和图 3.11，经过标尺比对可得表 3.4。

表 3.4　球料比为 10∶1 不同球磨时间下黄铁矿粉末的粒径范围

编　　号	球磨时间/h	黄铁矿粉末粒径/μm
1	6	0.5～2.5
2	12	0.2～2
3	24	0.1～1.5
4	36	0.1～2

由表 3.4 可以明显看出，24h、36h 的条件下所得的黄铁矿粉末粒径明显小于 6h、12h 条件下所得的黄铁矿粉末粒径，球磨时间在 24h 以上时，粒径变化不大。并且 24h、36h 所得黄铁矿粉末中较小的微粒的形态呈现出较规则的球形。

理论上延长球磨时间有利于黄铁矿粉末粒径的减小，这主要是由于在球磨过程中黄铁矿颗粒的破碎包括一次受力破碎及多次受力疲劳损伤积累破碎。当球磨时间较短时，不能充分发挥多次受力疲劳损伤积累的作用。因此在短时间球磨时所得的黄铁矿颗粒粒径较大，形状很不规则，在一定时间后黄铁矿颗粒明显减小，且呈现出球形。当黄铁矿粒径减小到一定程度后，球磨时间对其粒径影响不再明显，过长的球磨时间反而降低了经济效益，增加了能量消耗。实际制备过程中 24h 和 36h 的产物粒径差不多，24h 的产物还稍好一些。综合考虑成本、能源消耗等因素，确定实验所用时间为 24h。

用 X 射线衍射（XRD）分析矿物成分，分析条件为：使用 Cu Kα 辐射（40kV，30mA），扫描速度为 8°/min，衍射角（2θ）的范围为 5°～85°，测试温度为 25℃。

不同球磨时间后黄铁矿粉末的 XRD 图谱如图 3.12 所示，球磨 24h 制备的黄铁矿粉末的 XRD 图谱与标准图谱对照如图 3.13 所示。

在研究了黄铁矿粉末的粒径之后，对研究所制备的黄铁矿粉末进行了定性分析。利用 EDS 和 XRD 对黄铁矿成分进行测定。

由图 3.12 和图 3.13 可看出，6h 和 24h 的 XRD 图谱与标准卡片的峰都能一一对应，说明该天然黄铁矿杂质少，结晶程度好。

对实验制备的纳米级黄铁矿进行定性分析，图 3.14 为黄铁矿的 X 射线能

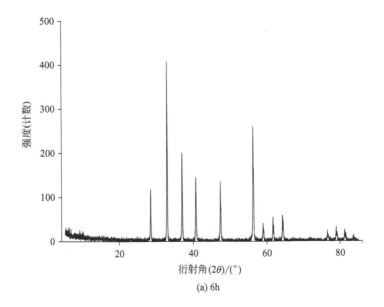

(a) 6h

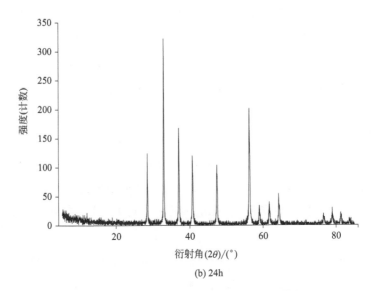

(b) 24h

图 3.12 不同球磨时间后黄铁矿粉末的 XRD 图谱

谱图，由图 3.14 和表 3.5 可以看出，黄铁矿的纯度高。该矿物主要由 Fe 和 S 组成，除含有微量的 Ca 元素外无其他杂质元素。Ca 的存在可以使体系的 pH 值增大，同时与黄铁矿与氧化性物质反应体系中的 SO_4^{2-} 生成 $CaSO_4$ 沉淀，增强还原固定过程中的物理吸附和化学吸附。

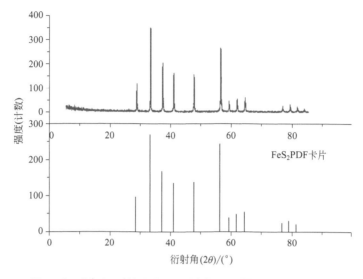

图 3.13　球磨 24h 制备的黄铁矿粉末的 XRD 图谱与标准图谱对照

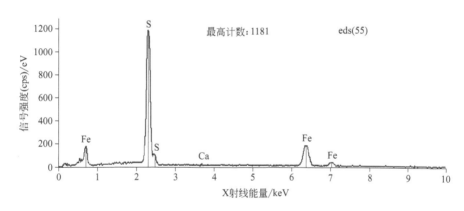

图 3.14　黄铁矿的 X 射线能谱图

表 3.5　实验用天然黄铁矿的元素分析

元素	质量分数/%	质量差值/%	原子数比/%	原子差值/%
S	53.36	+/−0.75	66.53	+/−0.89
Ca	0.27	+/−0.16	0.29	+/−0.15
Fe	46.37	+/−0.89	33.18	+/−0.60
合计	100.00		100.00	

3.3.3.4　在磨制过程中添加分散介质并超声分散的影响

称取粗制的黄铁矿一定量，加入陶瓷材质磨球，磨球直径为 8mm 和

3mm，添加个数比例为 1∶1。以球料比 10∶1，黄铁矿和乙醇的矿浆体积比为 1∶1，设定球磨机转速为 450r/min 后进行机械活化 24h，然后，在无水乙醇中超声分散 0.5h 后冷冻真空干燥，取适量的样品进行分析，SEM 测试结果如图 3.15 所示。

图 3.15　乙醇介质中 10∶1 的球料比磨制 24h 后超声 30min 的黄铁矿粉末的 SEM 形貌图

黄铁矿粉末制备过程中，由于粉末粒径越小比表面积和表面能越大，粉末之间存在范德华力、静电引力就会出现团聚现象，且球磨过程中存在打实现象，使颗粒形状不够规则，如图 3.9 所示。要避免这种现象可以通过球磨过程中添加分散介质，限制黄铁矿粉末的进一步靠近。根据 Balfiz 的研究，当硫化矿物与醇类有机溶剂在机械混合时，使黄铁矿表面的晶格畸变率和比表面积增大，黄铁矿表面的活性位点也随之增加，从而提高了反应活性，因此选择球磨过程中的分散介质为乙醇。选择球料质量比 10∶1，球磨时间 24h，作为黄铁矿粉末制备的条件，对球磨方法进行改进，球磨过程中加入乙醇介质，黄铁矿与乙醇体积之比为 1∶1，球磨过程没有粘壁现象，黄铁矿受力均匀，从而使黄铁矿粉末更均匀。磨制结束后，超声分散 30min 后，有效地降低了团聚现象。图 3.10、图 3.15 分别为干磨与加乙醇湿磨 24h 后所得黄铁矿粉末的 SEM 图像，通过对比可以发现，湿磨所得黄铁矿粉末比干磨所得黄铁矿粉末要规则，分散度高且粒径更小一些，粒径大多数处于 100nm 左右。

用高分辨透射电子显微镜（HRTEM）分析产物形态，测试结果如图 3.16、图 3.17 所示。

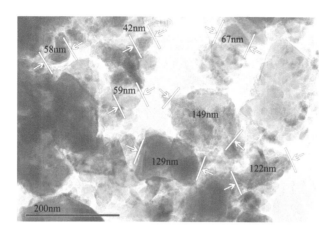

图 3.16　乙醇介质中 10：1 的球料比磨制 24h 后超声 30min 的黄铁矿粉末的 TEM 形貌图

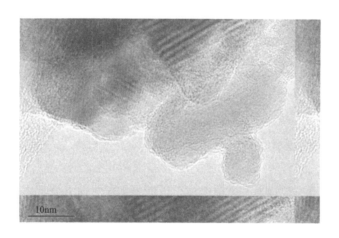

图 3.17　乙醇介质中 10：1 的球料比磨制 24h 后超声 30min 的黄铁矿粉末的 HRTEM 形貌图

根据图 3.16 计算平均粒径为 100nm，对所制备的微粒进行放大，如图 3.17 所示，可看到最小的粒径在 10nm 左右。因此，本书制备的黄铁矿微粒是在纳米级的范围之内。

3.3.3.5　超声分散的影响

粉末的团聚除了范德华力、静电引力引起外，还包括化学键引起的团聚，破坏这种团聚结构需要很高的能量，由于产物是超细粉末，所以依靠常规的外力很难破坏。超声波具有方向性好，能量大，穿透力强，引起空化作用的特点，可以破坏这种团聚结构。超声分散的声空化作用足以破坏粉末间的作用力，使得黄铁矿颗粒均匀地分散在分散剂（乙醇）中有效地防止了颗粒的团聚，从而增加了所制得样品的活性。

由于在球磨过程中注入了大量的机械能，黄铁矿粉末之间作用力较大，因此在制备过程当中应适当延长超声分散的时间。但如果超声时间过长，超声分散的热效应和机械效应容易导致已经被粉碎的黄铁矿颗粒在分散过程中相互碰撞，重新团聚的可能性增加。因此选择超声分散时间为 30min。

3.4 纳米级黄铁矿制备实验的机理研究

3.4.1 两种粒径下颗粒的比表面积比较

通过比表面积的计算公式：

$$A_{s0} = \frac{A_s}{m} \tag{3.1}$$

式中　　A_{s0}——比表面积；

　　　　A_s——表面积；

　　　　m——黄铁矿的质量。

计算得到黄铁矿粉末的粒径为 $20\mu m$ 时比表面积为 $0.0612m^2/g$，而粒径为 100nm 时比表面积为 $11.988m^2/g$，比表面积相差近 200 倍，黄铁矿粒径达到纳米级后比表面积越大，表面能随之增加，相应表面上的反应位越多。

粒径对反应动力学的影响则可以用下式表示：

$$E_a = E_a^b - E_m^s = E_a^b - \frac{6\sigma M}{\rho d} \tag{3.2}$$

$$k = A\exp\left(-\frac{E_a^b}{RT} + \frac{6\sigma M}{RT\rho d}\right) \tag{3.3}$$

$$\ln k = \ln A - \frac{E_a^b}{RT} + \frac{6\sigma M}{RT\rho d} \tag{3.4}$$

$$r = A\exp\left(-\frac{E_a^b}{RT} + \frac{6\sigma M}{RT\rho d}\right)S_v^m c_A^\alpha c_B^\beta \cdots \tag{3.5}$$

式中　　　E_a——表观活化能；

　　　　　E_a^b——块状反应物的活化能；

　　　　　E_m^s——纳米反应物的摩尔表面能；

σ、M、ρ 和 d——反应物球形固体颗粒的表面张力、摩尔质量、密度和直径；

　　　　　k——速率常数；

　　　　　A——指前因子；

　　　　　R——反应速率；

　　　　　S——反应物的瞬时比表面积（单位体积的表面积）；

　A、B…——反应物或产物；

　c_A 和 c_B——A 和 B 的瞬时浓度；

　　　　　m——常数；

　α、β…——反应的分级数。

　　通过上式分析可知，反应物粒度减小，反应活化能降低，反应容易发生，该反应的速率常数增大，反应级数增大，表观活化能减小，指前因子减小；并且其反应速率常数和表观活化能与反应物粒度的倒数呈线性关系。

　　实验中制备黄铁矿粉末的过程中导致的物质结构及表面性质变化主要体现在以下几个方面：

　　① 黄铁矿微粒的形态、结构发生变化，晶格发生畸变、位错或表面结构由晶体向非晶体转变。

　　② 微粒的表面的吸附、分散与团聚等物理化学性质变化。

3.4.2　黄铁矿的晶体特征

　　天然黄铁矿的晶体结构主要以 NaCl 晶体结构的衍生结构存在（见图 3.18），属于立方晶系的面心立方格子，其中的对硫离子（S_2^{2-}）呈哑铃状代替了晶胞中简单离子的位置。哑铃状 S_2^{2-} 的伸长方向在其晶体结构中交错配置，使得每个离子在各方向所受到的化学键的力相近。因而，天然黄铁矿的解理极不完全、硬度较大（摩氏 7 左右）。

3.4.2.1　黄铁矿晶格能的计算

　　离子晶格能是指在 298K 和 1 标准压强（1.01325×10^5 Pa）下，由 1mol 离子晶体变成相距无穷远的气态正、负离子所吸收的能量，用符号 U 表示。

(a)

(b)

图 3.18　天然黄铁矿的晶体结构图

应用玻恩-哈伯循环（The Born-Haber cycle），设计两种黄铁矿晶体生成的途径，分别计算其能量的变化：一是由稳定的单质 Fe 和 S 直接生成晶体所需的能量（正值为吸收能量的过程，负值为放出能量的过程）；二是由稳定的单质 Fe 和 S 生成标准状态下的气体分子，电离或结合电子生成 Fe^{2+} 和 S_2^{2-}，根据其电离能和电子亲和势的大小计算生成晶体时的能量。如图 3.19 所示。

按照盖斯（Hess）定律，有如下关系式：

$$\Delta_f H_{m,(FeS_2)} = \Delta H_{m,1} + I_{(Fe)} + E_{(S)} + \Delta H_{m,2} + (-U) \tag{3.6}$$

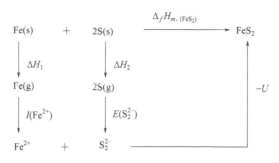

图 3.19　玻恩-哈伯循环

式中　$\Delta_f H_{m,(FeS_2)}$——晶体摩尔生成焓；

　　　　$\Delta H_{m,1}$——Fe 的摩尔汽化焓；

　　　　$\Delta H_{m,2}$——S 的摩尔汽化焓；

　　　　I——Fe 的电离能；

　　　　E——S 的电子亲和能；

　　　　U——晶体晶格能。

所以，　　　$U = \Delta H_{m,1} + I_{(Fe)} + E_{(S)} + \Delta H_{m,2} - \Delta_f H_{m,(FeS_2)}$　　　　　（3.7）

由表 5.11 和文献可知：

$$\Delta_f H_{m,(FeS_2)} = -2385.6 \text{kJ/mol}, \Delta H_{m,2} = 557.62 \text{kJ/mol}$$

$$E_{(S)} = -500.8 \text{kJ/mol}, I_{(Fe)} + \Delta H_{m,1} = 2750.72 \text{kJ/mol}$$

将数据代入式（3.7）可得：

$$U = 2750.72 + 557.62 - 200.4 - (-2385.6) = 5193.14 \text{kJ/mol}$$

虽然天然黄铁矿的晶体结构以 NaCl 晶体结构的衍生结构存在，但由于其呈哑铃状的 S_2^{2-} 在其晶体结构中交错配置，使得晶格能为 5193.14kJ/mol，而 NaCl 的晶格能只有 787.3kJ/mol。从图 3.18 和这两个晶格能的数据的对照可以解释天然黄铁矿不经过机械活化时与 ReO_4^- 不反应的原理。由于 Fe^{2+} 和 S_2^{2-} 不管以何种形态进入溶液，都要克服 5193.14kJ/mol 的晶格能，如果不进行表面活化处理，ReO_4^- 不可能提供如此大的能量去反应。这也就是纳米级天然黄铁矿的意义所在。

3.4.2.2　机械活化引起的晶格畸变

晶体表面结构主要特点是存在不饱和键及范德瓦耳斯力，表面原子结合键不饱和，通过吸附可达到平衡状态。

不饱和键的产生——由于表面原子的近邻原子数减少，其相应的结合键数也减少，或者说结合键尚未饱和。

范德瓦耳斯力的产生——晶体表面原子在不均匀力场作用下会偏离其平衡位置而移向晶体内部，但是正负离子（或正、负电荷）偏离的程度不同，结果在晶体表面或多或少地产生了双电层，即表面形成了偶极矩。

表面吸附可分为物理吸附和化学吸附两种，其中物理吸附是反应分子靠范德华力吸附在固体表面上，化学吸附的吸附剂和吸附物的原子和分子间发生电子转移，改变吸附分子的结构，主要作用力是静电库仑力。

因此，晶体很高的界面能要得到降低，就会使微观组织发生变化。大角度晶界界面能最高，故其晶界迁移速率最大。晶粒的长大及晶界平直化可减少晶界总面积，使晶界能总量下降，故晶粒长大是能量降低过程，界面将向小晶粒一侧移动，最后大晶粒把小晶粒吞并，在晶体键角不变的条件下改变界面曲率半径。

晶体不改变键角时增大表面积的示意如图 3.20 所示。

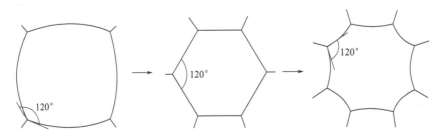

图 3.20 晶体不改变键角时增大表面积的示意

晶体表面是原子排列的终止面，另一侧无固体中原子的键合，配位数少于晶体内部，导致表面原子偏离正常位置，并影响邻近的几层原子，造成点阵畸变，使其能量高于晶内。

超微晶粒由于高的界面能会形成如下晶界特性：

① 由于界面能的存在，若晶体中存在可降低界面能的异类原子，这些原子将向晶界偏聚，这种现象叫内吸附。

② 晶界上原子具有较高的能量，且存在较多的晶体缺陷，使原子的扩散速度比晶粒内部快得多。

③ 晶界比晶内更易氧化和优先腐蚀。

④ 由于晶界迁移靠原子扩散，故只有在较高温度下才能进行。

对于 MX_2 型晶体：

$$[V_M] = \exp\left(-\frac{\Delta G_f}{3kT}\right) \tag{3.8}$$

$$[V_X] = 2[V_M] = 2\exp\left(-\frac{\Delta G_f}{3kT}\right) \tag{3.9}$$

式中　ΔG_f——生成 1mol 缺陷需要的吉布斯自由能；

　　　$[V_M]$——M 位上缺陷浓度；

　　　$[V_X]$——X 位上缺陷浓度。

由式(3.9) 可以看出，在缺陷形成能不变的情况下，热缺陷浓度随温度升高呈指数增加。

黄铁矿在机械活化过程中由于磨球与磨球、磨球与球磨罐壁等的高速碰撞，导致温度升高，从而造成晶体缺陷浓度的增加。长时间球磨黄铁矿导致温度变化大，所得的黄铁矿粉末热缺陷浓度大，反应活性相应也增大。而且，活化过程中加入乙醇介质，在乙醇的极性作用和空间位阻效应下其晶格发生了畸变，粒径越小晶格畸变率越高。晶格畸变产生了自由键，从而加大了反应活性。

通过本研究得出：在机械活化时间增长，合适的球料比并加入乙醇介质的条件下，黄铁矿表面易于发生位错或晶格畸变。由前面的 XRD 图［图 3.12 (b)］可知所使用的黄铁矿为单晶体，图 3.21 中单晶的衍射图片中点阵的有序

图 3.21　在乙醇介质中 10∶1 的球料比湿磨 24h 超声 30min 所得黄铁矿粉末的 TEM 衍射图

排列非常少，而出现一些衍射环，表明晶体出现粒径很小且不均匀的微粒并且晶粒排列变得杂乱无序。

在乙醇介质中 10∶1 的球料比湿磨 24h 超声 30min 所得黄铁矿粉末的 HRTEM 图如图 3.22 所示。

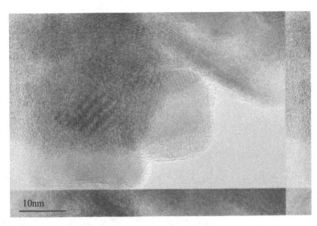

图 3.22　在乙醇介质中 10∶1 的球料比湿磨 24h 超声 30min 所得黄铁矿粉末的 HRTEM 图

在图 3.22 的 HRTEM 上可以发现平行的横纹出现断裂和宽窄不一的现象，参考前面理论分析可知在高能机械活化过程中晶粒表面发生畸变，生成更多的晶体缺陷或存在位错现象。天然黄铁矿具有良好的晶体结构，化学性质相对稳定，但机械活化使黄铁矿表面晶体的晶块尺寸变小，晶格发生了畸变，随着黄铁矿的机械活化时间的增加晶格畸变率增大，晶块尺寸变小，从而导致黄铁矿内部把机械活化的能量储存了一部分，同时也残存了内应力。从化学势的角度分析，机械活化提高了黄铁矿的化学势，使其处于亚稳的状态。因此，机械活化了的黄铁矿反应活性增强，容易发生热分解。

理论推导的结果表明，在多相反应中，反应物粒度减小能够使反应平衡常数增大，反应活化能降低，从而影响反应进程。这与实验所得的结果一致的，即黄铁矿粒径减小，反应速率加快，反应程度也随之增加。

3.5　本章小结

本章研究了用高速球磨机械活化的方式制备天然黄铁矿的纳米级微粒的方

法。由于传统的球磨方法制备的矿粉粒径大、晶体的稳定性高、表面反应位点少，无法应用于对浓度很小的 ReO_4^- 的还原固定。

本章通过机械活化的原理探索了在球磨细化的同时尽可能增加微粒的比表面积，使原来稳定的晶体发生位错和畸化，克服晶格能、增加反应活性，从而使天然黄铁矿晶体处于活化状态的方法。采用选取合适的磨球配比、添加球磨时的分散介质，以超声波分散颗粒等优化制备条件的方式，制备出反应效果良好的纳米级黄铁矿，并利用扫描电子显微镜（SEM）、激光粒度分析仪（LPSA）、X 射线粉末衍射仪（XRD）、高分辨透射电子显微镜（HRTEM）、X 射线能谱仪（EDS）、X 射线光电子能谱仪（XPS）等表征了其微观结构，并初步探讨了具有良好反应性的纳米级黄铁矿的形成机理，得到如下结论：

① 磨球的大小尺寸选取以及配比是能否把矿粒细化到纳米级的关键，本实验选取 1∶1 的 8mm 和 3mm 的磨球，结果显示能明显降低矿粉的粒径。

② 在传统磨制的过程中，粉末和磨球之间接触不充分，粘壁现象严重，使制备的粉体粒径不均衡，而且微粒表面反应性差。制备的颗粒粒径大，而且反应性差、反应活性低。本实验中以 1∶1 的矿液体积比加入乙醇，一是克服了粘壁现象，使得粉末和磨球之间能够充分接触，粒径均匀、微粒形状规整；二是利用有机醇加速了黄铁矿表面晶格的畸化，最终产物反应性良好。

③ 机械法制备纳米级黄铁矿与球料比、球磨时间有很大关系，选择合适的球料比和球磨时间有利于纳米级黄铁矿的制备，通过多次试验，综合考虑制备成本、微粒的粒径、均匀度等因素，确定在球料比为 10∶1，磨制时间为 24h 的条件为制备的实验条件。通过 SEM、XRD、TEM 等对产物进行了表征。

④ 通过 SEM 表征可知制备的纳米级黄铁矿易团聚。这是由于刚制备好的黄铁矿粉末具有很高的表面能，团聚可以使其减小比表面积从而降低表面能，趋于稳定。利用超声波在乙醇介质中对黄铁矿超声分散 0.5h，则可打碎团聚，增强其稳定性。

⑤ 通过理论计算得出天然黄铁矿的晶格能为 5193.4kJ/mol，对比氯化钠的 787.3kJ/mol 晶格能可知，外界需要对其做功，克服该晶格能后才能顺利反应。

参 考 文 献

［1］ 王秀峰，金志浩．水热法制备陶瓷粉体的机理与应用［J］.陶瓷，1996，2：21.

［2］ 吴荣．水热合成 pyrite 及光电性能分析［D］.乌鲁木齐：新疆大学，2004.

［3］ 段鹤．溶胶-凝胶水热法结合电泳技术制备 FeS₂ 薄膜研究［D］.乌鲁木齐：新疆大学，2004.

［4］ Milosevie S，Ristic M M. Thermodynamics and Kentics of Mechanical Activation of Materials［J］. Science of Sinering，1998，30：29-38.

［5］ Balfiz P. Physic and Chemical Changes of Sulphides During Intensive Grinding Inorganic Liquids［J］. Powder Technology，1998，98（1）：74-78.

［6］ 森诚之，七尾英孝．固体新生面化学活性［J］.金属，1999，69（12）：1025-1030.

［7］ 李洪桂，赵中伟，赵天从．机械活化黄铁矿的物理化学性质［J］.中南工业大学学报，1995，26（3）：349-352.

［8］ 颜景平，易红，史金飞，等．行星式球磨机研制及其节能机理［J］.东南大学学报（自然科学版），2008，38（1）：27-31.

［9］ 邹俭鹏，陈启元，尹周澜，等．机械活化黄铁矿物理性能和表面结构变化的表征［J］.湖南有色金属，2001，47（5）：36-39.

［10］ 刘银，王静，张明旭，等．机械球磨法制备纳米材料的研究进展［J］，材料导报，2003，17（7）：20-22.

［11］ 靳正国，国瑞松，师春生，等．材料科学基础［M］.天津：天津大学出版社，2005.

［12］ 赵中伟，刘琨．反应介质对机械化学合成二硫化铁的动力学影响［J］.中国粉体技术，2008，14（1）：1-4.

［13］ 李丹．机械活化黄铁矿粉体在不同介质中的界面行为研究［D］.长沙：中南大学，2012.

［14］ 李洪桂，杨家红，赵中伟，等．黄铜矿的机械活化浸出［J］.中南工业大学学报，1998，29（1）：28-30.

［15］ 邹俭鹏，尹周澜，陈启元，等．机械活化黄铁矿的活性与失效性［J］.中国有色金属学报，2002，12（1）：201-204.

［16］ Cui Z L，Zhang Z K. Ce-Ni nanoparticles with shell structure for hydrogen storage［J］. Nanostructured Material，1996，7：355-361.

［17］ 陈永亨，张平，梁敏华，等．黄铁矿对重金属的环境净化属性探讨［J］.广州大学学报（自然科学版），2007，6（4）：23-25.

［18］ 许越．化学反应动力学［M］.北京：化学工业出版社，2005.

［19］ Aimoz L. Curit E，Mader U. Iodide Interaction with Natural Pyrite［J］. Journal of Radioanalytical and Nuclear Chemistry，2011，288（2）：517-524.

［20］ 王莉霄，钱天伟，丁庆伟．球磨法制备黄铁矿粉末及其表征．中北大学学报（自然科学版），2014，35（6）：729-733.

第4章

纳米零价铁原位固定土壤和
水中Re（Ⅶ）的实验及
机理研究

本书是以原位还原固定土壤和地下水中重金属为模型，研究在土壤和水中稳定的纳米零价铁材料对高铼酸根（ReO_4^-）的去除能力。

目前研究水中重金属还原固定的常用方法主要有两种：分批试验和渗流柱试验，简称批实验和柱实验。

（1）批实验

批实验一般是将全部实验分批次进行，在每批次的实验中优选某些条件，直到找出最佳点。在重金属降解的研究中通常将一定浓度的污染物溶液和相应的净化反应介质置于封闭的容器里，在机械振荡或搅拌下，使反应物质充分接触。在提前设计的时间间隔点取样并测试水中污染物及其转化率，得到一系列的实验数据，随后进行分析。

批实验的优点是：a. 可以兼顾实验设备、代价和时间上的要求；b. 容易改变反应介质浓度比例及反应时间；c. 操作简单，易于控制。

而其不足之处在于：该方法只能从反应的方向、限度以及反应速率等方面给出理论的指导，由于其与实际环境中的污染物迁移方式有明显的差异，所以其结果直接应用到实际问题的解决时可靠性差。

（2）柱实验

柱实验可以模拟实际环境中的污染物运移情况，选择不同的流速，设计反应柱中介质的组成，研究重金属降解的规律，较好地弥补批实验的不足。

然而，批实验的数据可以为柱实验提供较好的理论指导。在我们的研究中，批试验的目的是排除其他现场因素的干扰，在实验室条件下研究反应的影响因素以及动力学特征。在批实验确定的反应条件下对实际环境中的应用进行柱实验的初步探索。如果把批实验理解为是静态实验的话，那么柱实验是在动态的情况下进行的，对实际应用的指导意义更加可靠。

4.1 实验试剂及仪器

在实验中用到的主要试剂和仪器如表 4.1、表 4.2 所列。

表 4.1 主要实验试剂

名称	化学式	规格
氮气	N_2	高纯(99.999%)

续表

名称	化学式	规格
高纯氮混合气体	N_2，CO_2，H_2	N_2 90%，CO_2 5%，H_2 5%
氩气	Ar	高纯（99.999%）
无水乙醇	C_2H_5OH	分析纯
高铼酸钾	$KReO_4$	光谱纯
氢氧化钠	NaOH	分析纯
黄土	主要成分为砂土和粉土	中国辐射防护研究院试验基地 （N37°41′，E112°42′）

表 4.2　主要实验仪器

名称	型号
电子分析天平	CPA225D
精密 pH 计	PHB-1
双层振荡器	HY-6
高速离心机	HITACHI CF16RXⅡ
数控超声波清洗器	KQ-500DB
双功能气浴恒温振荡器	ZD-85
冷冻干燥箱	LYO GT21 GT2-E
蠕动泵	OEM，S100-2B
低氧手套箱	天美（中国）科学仪器有限公司
电感耦合等离子体发射光谱仪（ICP）	optima 7300V

4.2　铼的分析方法

本章对铼的测定采用电感耦合等离子体发射光谱仪（ICP），ICP 测定微量元素铼（Re），具有灵敏度高、检出限低、操作简便、分析效率高等优点。

4.2.1　ICP 测定铼的参数确定

4.2.1.1　ICP 的仪器配置

① 仪器。ICP optima 7300V，美国 PE 公司，由高频发生器和感应线圈、炬管和供气系统、进样系统组成。

② 载气。高纯氩气（体积分数 99.99%），检测限为 0.01mg/L。

4.2.1.2 操作参数确定

ICP 测定要求样品偏酸性，避免杂质的干扰，选择同位素时应选择丰度最高的同位素，对于元素铼选择波长为 197.248nm，元素铁选择波长为 238.204nm。

操作参数如下：

① 等离子气。15L/min。

② 辅助气。0.2L/min。

③ 雾化气。0.8L/min。

④ RF 功率。1300W。

⑤ 蠕动泵速度。1.5mL/min。

4.2.2 样品的预处理

ICP 只能测量澄清溶液中目标元素的含量，因此在测定溶液中铼浓度之前，需对黄铁矿粉末与 ReO_4^- 溶液进行分离，采用高速离心机进行分离，取上清液。为了避免杂质的干扰，利用盐酸对上清液进行酸化处理后测量。

利用 ICP 测量溶液中的铼含量之前，需建立标准曲线，采用双标测定，取铼的标准溶液，以去离子水为溶剂，介质为 10% HCl，分别配制浓度为 0.2mg/L、0.5mg/L、1mg/L、5mg/L、10mg/L 的铼标准溶液和空白溶液，标准曲线的线性相关系数在 99.99%。

（1）前期准备工作

① 保证 ICP 的实验环境，温度在 20℃±2℃，室内湿度 50% 左右，良好的排风系统，并设置防尘设施。

② 铼溶液保持澄清，不含黄铁矿粉末等，防止雾化器堵塞。

③ 所用的氩气纯度至少为 99.99%，且气体控制系统正常运行。

④ 测量前开机预热 12h，保证仪器稳定。

（2）铼溶液的测定步骤

① 建立分析方法，选择铼元素的波长，设定空白及标准中铼的浓度为（0.2mg/L、0.5mg/L、1mg/L、5mg/L、10mg/L），分析时测试时间 30s、

延迟时间 15s、重复次数 3 次。

② 装好蠕动泵，点火，先用去离子水冲洗 3min 后再开始分析。

③ 按照设定好的分析方法，建立数据文件，进行空白分析和标准分析。

④ 显示测试结果、元素的谱图和标准曲线，标准曲线相关性在 99.99% 以上时开始分析样品。

⑤ 结束后，依次用去离子水、5% 的硝酸溶液、去离子水分别清洗 5min，关闭等离子体。

4.3　稳定的纳米零价铁原位固定土壤和水中 Re（Ⅶ）的批实验研究

4.3.1　实验方法和实验条件确定

4.3.1.1　实验基本方法

本研究采用批实验的方法，由于纳米零价铁易被氧化，反应全过程严格控制氧气。实验所用的铼溶液用 $KReO_4$ 和去离子水制备，在开始反应前首先用 N_2 对铼溶液曝气 5h 进行脱氧。反应器采用密封性良好的磨口棕色反应瓶。反应体系置于双功能气浴恒温振荡器上，使纳米零价铁粉末与 ReO_4^- 充分接触，用 ICP 测量溶液中 Re 的含量。

研究使用的黄土取自中国辐射防护研究院试验基地（N37°41′，E112°42′），土壤颗粒组成为砂土 78.23%，粉土 20.81%，黏土 0.96%，有机质含量 0.39%，pH＝7.8，阳离子交换量 4.7397mg/100g，土壤密度 1.375g/cm³。

4.3.1.2　实验条件的确定

反应温度的选择，由于本研究结果应用于自然环境中，虽然地下环境的温度与室温有一定差距，但对于本研究的反应，温度相差不大时对反应效果的影响也不大，因此选择 25℃ 的常温下进行研究。

4.3.2　实验过程、结果分析与讨论

4.3.2.1　ReO_4^- 初始浓度对反应的影响

初始浓度不同会影响到反应物之间的碰撞概率，进而影响反应效果。在纳

米零价铁剂量一定时，研究了不同的 ReO_4^- 初始浓度条件下反应的效果。具体实验步骤如下：在 pH＝6.5，25℃，分别将 100mL 初始浓度为 5.0mg/L、10.0mg/L、15.0mg/L、20.0mg/L 的 ReO_4^- 和一定量纳米零价铁（过量）加入 250mL 锥形瓶中，在 1h、2h、4h、6h、8h、12h 取样测量。实验结果见表 4.3。

表 4.3　在不同时间下纳米零价铁与不同浓度 ReO_4^- 反应后的剩余浓度

时间/h	ReO_4^- 的浓度/(mg/L)			
	5.0mg/L	10.0mg/L	15.0mg/L	20.0mg/L
0	5.0	10.0	15.0	20.0
1	1.867	4.993	6.840	10.77
2	1.067	3.128	4.496	7.782
4	0.730	1.512	3.821	5.455
6	0.304	0.606	2.027	3.021
8	0.126	0.357	0.996	1.671
12	0.037	0.162	0.552	0.908

由表 4.3 中的数据可得图 4.1。

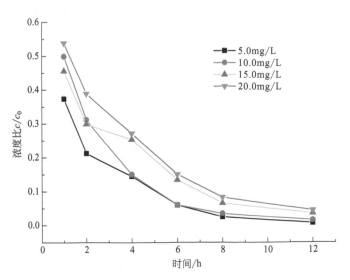

图 4.1　ReO_4^- 的浓度随时间的变化

结果表明，纳米零价铁与 ReO_4^- 反应的反应速率随初始浓度的增大而降低；而且，随着反应时间的延长，去除速率略有减缓。这是由于反应随着初始浓度的增大和时间的延长会伴随着铁氧化物、二氧化铼和氢氧化物等产物的增多，它们会沉积在纳米零价铁表面，占据活性点位，阻碍反应的顺利进行，从而降低反应速率。

12h 的去除率分别为 99.26%、98.38%、96.32%、95.46%。表明 12h 的较短时间去除效果良好。

4.3.2.2　不同初始浓度在较长时间下的反应效果

随着反应时间的延长，反应最终会达到一个动态的平衡。在本研究中我们考察了纳米零价铁剂量一定时扩大初始浓度的范围，反应时间延长到 7d 后，ReO_4^- 被还原的反应的效果。具体实验步骤如下：25℃，pH 值为 6.5 时，N_2 保护下，分别移取含 Re 的量为 10.0μg、20.0μg、30.0μg、40.0μg、50.0μg、60.0μg、70.0μg、80.0μg、90.0μg、100.0μg 的 ReO_4^- 溶液，加入称取有 50.0g 黄土的烧杯中，分别添加过量的纳米零价铁乙醇悬浮液 100mL，充分搅拌，在反应后的 1d、3d、6d、7d 时，样品以转速为 15000r/min 离心 30min，取上清液，用电感耦合等离子体发射光谱仪（ICP）测量上清液中 Re 的含量。

（1）24h 后的 Re 的剩余含量

反应 1d 的 Re 的剩余含量见表 4.4。

表 4.4　反应 1d 的 Re 的剩余含量

c_0/μg	10.0	20.0	30.0	40.0	50.0	60.0	70.0	80.0	90.0	100.0
c_1/μg	0.386	0.377	0.402	0.426	0.422	0.374	0.516	0.440	0.384	0.425

表 4.4 中，c_0 为 Re 的初始含量，c_1 为在反应进行 24h 后 Re 的剩余含量。通过表 4.4 中的数据可以算出在反应进行 24h 后的平均去除率为 98.83%。

（2）3d 后的 Re 的剩余含量

反应 3d 的 Re 的剩余含量见表 4.5。

表 4.5　反应 3d 的 Re 的剩余含量

c_0/μg	10.0	20.0	30.0	40.0	50.0	60.0	70.0	80.0	90.0	100.0
c_2/μg	0.315	0.351	0.389	0.446	0.399	0.384	0.305	0.374	0.294	0.323

表 4.5 中，c_0 为 Re 的初始含量，c_2 为在反应进行 3d 后 Re 的剩余含量。通过表 4.5 中的数据可以算出在反应进行 3d 后的平均去除率为 98.97%。

（3）6d 后的 Re 的剩余含量

反应 6d 的 Re 的剩余含量见表 4.6。

表 4.6　反应 6d 的 Re 的剩余含量

$c_0/\mu g$	10.0	20.0	30.0	40.0	50.0	60.0	70.0	80.0	90.0	100.0
$c_3/\mu g$	0.235	0.240	0.246	0.240	0.257	0.249	0.253	0.251	0.255	0.254

表 4.6 中，c_0 为 Re 的初始含量，c_3 为在反应进行 6d 后 Re 的剩余含量。通过表 4.6 中的数据可以算出在反应进行 6d 后的平均去除率为 99.29%。

（4）7d 后的 Re 的剩余含量

反应 7d 的 Re 的剩余含量见表 4.7。

表 4.7　反应 7d 的 Re 的剩余含量

$c_0/\mu g$	10.0	20.0	30.0	40.0	50.0	60.0	70.0	80.0	90.0	100.0
$c_4/\mu g$	0.231	0.240	0.243	0.242	0.252	0.246	0.252	0.252	0.252	0.255

表 4.7 中，c_0 为 Re 的初始含量，c_4 为在反应进行 7d 后 Re 的剩余含量。通过表 4.7 中的数据可以算出在反应进行 7d 后的 Re 平均去除率为 99.30%。

由表 4.4～表 4.7 中数据分别计算出 1d、3d、6d、7d 后各种浓度下的平均去除率分别为 98.83%、98.97%、99.29%、99.30%。可知土壤中的 ReO_4^- 绝大部分被去除，还原效果很好。随着时间的延长，反应的去除率呈上升趋势。反应 6d 和 7d 后，Re 的剩余含量分别为 99.29% 和 99.30%，非常接近，反应趋于平衡。

由表 4.4～表 4.7 数据得出图 4.2。

由图 4.2 可知，随着反应时间的推移，不同初始浓度下 Re 的含量的下降趋势基本一致。1d 内反应去除率均达到 95% 以上。从第 6 天与第 7 天的检测结果无明显变化，图中呈现接近平台的曲线，表明纳米零价铁对 ReO_4^- 的还原固定需要 7d 的时间来完成。

4.3.2.3　温度对纳米零价铁与 ReO_4^- 反应的影响

尽管在实际应用中，地下水和土壤的温度比较恒定，但是为了考察反应的热力学和动力学规律，在实验中选取不同的温度进行研究。具体步骤如下：在 pH=6.5 下，分别将 10.0mg/L 的 ReO_4^- 溶液 100mL 和 0.08g 新制备的纳米零价铁投加到 4 个 250mL 三口瓶中，使反应在 15℃、25℃、35℃、45℃ 的条

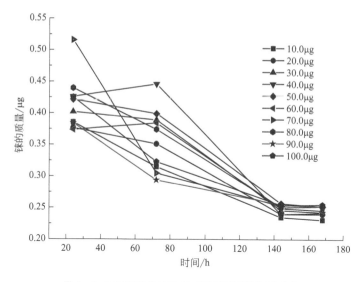

图 4.2 不同初始含量的 Re 在反应中随时间的变化

件下进行，在 1h、2h、4h、6h、8h、12h 取样测量。结果见表 4.8。

表 4.8 在不同温度下纳米零价铁与 10.0mg/L ReO_4^- 反应后的剩余浓度

单位：mg/L

时间/h	15℃	25℃	35℃	45℃
0	10	10	10	10
1	5.739	5.277	4.709	4.175
2	3.465	3.217	2.719	2.382
4	1.760	1.369	1.245	1.120
6	0.996	0.837	0.588	0.481
8	0.552	0.428	0.339	0.286
12	0.250	0.162	0.108	0.126

由表 4.8 中数据可得图 4.3。

从表 4.8 和图 4.3 分析可知，在所选择温度条件下，12h 去除率均可达 97.5%。去除率总体变化规律随温度的升高而增大，反应速率增快。这是因为随着温度的升高，反应物分子平均能量增大，布朗运动速度增加，发生有效碰撞的概率增大。

4.3.2.4 pH 值对纳米零价铁与 ReO_4^- 反应的影响

在使用普通铁粉进行重金属处理的研究中，溶液 pH 值是重要的影响因素。为了考察纳米零价铁还原去除 ReO_4^- 时溶液初始 pH 值对反应的影响，

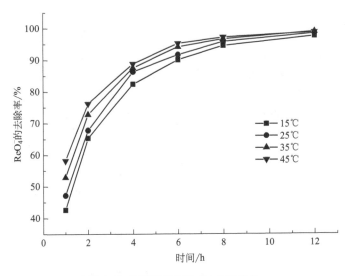

图 4.3　不同温度下 ReO_4^- 的去除率

使用 H_2SO_4 和 NaOH 溶液调节体系的初始 pH 值，研究了初始 pH 值分别在 5、6、7、8、10 时纳米零价铁与 ReO_4^- 的反应情况。具体步骤如下：分别将 10.0 mg/L 的 ReO_4^- 溶液 100mL 和 0.08g 新制备的纳米零价铁投加到 5 个 250mL 锥形瓶中，使反应在 pH 值为 5、6、7、8、10 的条件下进行，在 1h、2h、4h、6h、8h、12h 取样测量。结果见表 4.9。

表 4.9　在不同 pH 值下纳米零价铁与 10.0mg/L ReO_4^- 反应后的剩余浓度

单位：mg/L

时间/h	pH＝5	pH＝6	pH＝7	pH＝8	pH＝10
0	10.0	10.0	10.0	10.0	10.0
1	6.929	5.809	5.099	5.170	7.355
2	4.246	3.536	3.092	3.127	4.619
4	2.186	1.618	1.262	1.316	2.683
6	1.369	0.801	0.712	0.605	1.618
8	0.889	0.463	0.374	0.357	1.014
12	0.445	0.179	0.143	0.126	0.516

由表 4.9 中数据可得图 4.4，反应 6h 后，对应 pH 值为 5、6、7、8、10。ReO_4^- 的去除率为 86.31%、91.99%、92.88%、93.94%、83.82%，结果显示，pH 值在 8 时去除率最高，而在酸性或碱性时去除率偏低。

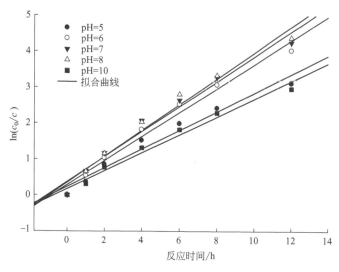

图 4.4 不同 pH 值下纳米零价铁与 ReO_4^- 反应的 ln（c_0/c） 随时间的变化

分析可知，在酸性条件下，由于纳米零价铁的表面活性很高，H^+ 与 Fe^0 发生反应，置换出 H_2，部分产物沉积在微粒表面，致使 Fe^0 的表面浓度降低，从而降低了去除率。而碱性条件下，Fe^0 生成的氢氧化亚铁、氢氧化铁以及 $Fe(OH)_2$ 的络合离子，会降低纳米零价铁的表面浓度和活性。

4.3.2.5 不同粒径 Fe^0 对反应的影响

在 pH＝7，25℃，分别将 10.0mg/L 的 ReO_4^- 溶液 100mL 和 0.08g 新制备的纳米零价铁，0.08g 普通铁粉（150μm）投加到两个 250mL 锥形瓶中，在 1h、2h、4h、6h、8h、12h 取样测量。

不同粒径的铁粉对 ReO_4^- 还原的剩余浓度见表 4.10。

表 4.10　不同粒径的铁粉对 ReO_4^- 还原的剩余浓度

时间/h	80nm	150μm
0	10.0	10.0
1	5.259	8.989
2	2.896	8.420
4	1.387	8.083
6	0.712	7.870
8	0.374	7.781
12	0.1616	7.586

通过比表面积公式(3.1) 进行计算可得，80nm 的纳米零价铁比表面积约为 $9.5m^2/g$，$150\mu m$ 的铁粉比表面积约为 $2.53 \times 10^{-3} m^2/g$。它们的比表面积相差了近 10^4 倍。

依据表 4.10 中数据作图 4.5。结果显示，纳米零价铁比普通铁粉的去除率高得多。反应 12h，纳米零价铁和普通铁粉的去除率分别为 98.40％ 和 24.14％。

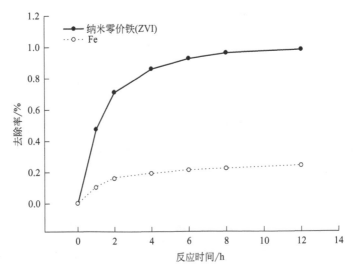

图 4.5　不同粒径的铁粉对 ReO_4^- 反应的去除率对比

4.4　稳定的纳米零价铁原位固定土壤和水中 Re（Ⅶ）的柱实验研究

批实验的研究中，纳米零价铁悬浮于液相溶剂中，其与 ReO_4^- 能够较好地接触。但是，在实际的土壤或地下水环境中，纳米零价铁是固定于土壤当中发挥原位还原固定的作用。反应物的接触减少，反应效果很可能不同于批实验的研究结论。为了模拟实际环境中的还原固定的反应历程，更贴近实际环境中的规律，在批实验的基础上设计柱实验来研究稳定的纳米零价铁在动态下对 ReO_4^- 的去除情况。

用纳米零价铁处理地下水中的离子是固、液两相反应，此类反应中反应速率与两相之间是否充分接触有关。所以，固相反应介质的表面积大小很大程度上决定着反应速率，即固相材料的比表面积越大，反应速率越快。但在实际应用中，完全由纳米零价铁组成的隔离层会因为比表面积很大，粒度很小，使得液体在固相中的渗透系数也就很小，这是不利于反应进行的。因此，实际应用到地下水污染原位修复时，纳米零价铁粉末均匀分散于黄土中会使铼溶液以一定的速率通过固相介质，从而顺利进行反应。

4.4.1 实验装置及方法

柱实验的装置如图 4.6 所示。

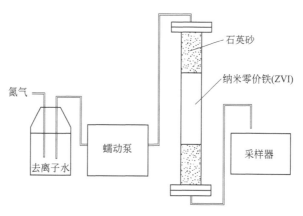

图 4.6 柱实验装置

柱子由有机玻璃（PMMA）制成，柱内填充实验材料，柱子为有机玻璃，内径为 1cm，高度为 8cm，柱子上下两端分别装 2cm 的石英砂层（密度为 2.65 g/cm³，孔隙率为 40%）。在石英砂层与矿粒的界面用滤纸隔开。使用前，将石英砂用 0.1mol/L 的稀盐酸浸泡 10min，随后用去离子水清洗至中性，氮气保护下干燥。实验中使用的黄土取自中国辐射防护研究院试验基地（N37°41′，E112°42′），土壤颗粒组成为砂土 78.23%、粉土 20.81%、黏土 0.96%、有机质含量 0.39%。pH＝7.8，阳离子交换量 4.7397mg/100g，土壤密度 1.375g/cm³。系统中持续通入氮气，通过蠕动泵进行供水或 ReO_4^- 溶液。

4.4.2 实验过程、步骤与结果分析

4.4.2.1 不同初始含量的铼在黄土柱与纳米零价铁柱中渗透的对照实验

为了考察纳米零价铁在柱实验中对 ReO_4^- 的去除效果，以反映纳米零价

铁在实际环境中对 ReO_4^- 的阻滞作用，本节以混合了纳米零价铁的黄土和单纯的黄土对不同初始含量的 ReO_4^- 溶液进行了对照实验。

具体步骤如下：

① 准确称取 0.0388g 的 $KReO_4$ 放入 250mL 容量瓶中，用脱氧后的去离子水稀释至刻度，摇匀，得到含铼 $100\mu g/mL$ 的 $KReO_4$ 溶液，放入超低氧手套箱中待用。

② 将黄土在室内阴凉处自然风干、研碎，过 2mm 的尼龙筛待用。

③ 按照图 4.6 所示实验装置，在石英砂中间放入质量比为 1：10 的纳米零价铁粉末和黄土。装填好柱子后，氮气保护下采用自上而下的方式用蠕动泵注入脱氧后的去离子水，放置 24h 使固液两相充分浸润。

④ 将 3mL、6mL、9mL 含铼 $100\mu g/mL$ 的溶液泵入柱中（分 3 次实验），以 2mL/min 的流速泵入去离子水洗脱 4h，用自动采样仪收集洗脱液，用 ICP 测量铼的浓度并计算其含量。

⑤ 把柱子中的纳米零价铁粉末和黄土混合物替换为黄土重复以上实验。

实验结果列于表 4.11。

表 4.11 不同初始含量的铼在黄土柱与纳米零价铁柱中渗透的对照实验结果

ReO_4^- 初始含量/μg	300		600		900	
	黄土	黄土＋Fe^0	黄土	黄土＋Fe^0	黄土	黄土＋Fe^0
剩余含量/μg	281.31	2.49	566.28	5.88	855.27	10.71
去除率/%	6.23	99.17	5.62	99.02	4.97	98.81

由表 4.11 中的数据可以看出，在柱实验中纳米零价铁粉对 ReO_4^- 的最终去除率平均在 99% 的左右，与批实验的结果一致，表明在土壤中纳米零价铁还原固定 ReO_4^- 的效果十分理想且稳定。该柱实验从浇灌到检测在 1d 之内完成，反应时间短去除率高，可见动态试验中纳米零价铁对 ReO_4^- 的还原固定更为有效。如果作为地下污染物应急处理屏障的话，短时间内可以把污染物有效的原位还原固定，阻止其进入生态环境。

4.4.2.2 不同时间内铼在黄土柱与纳米零价铁柱中渗透的对照实验

在实际环境问题中，污染物的渗透是持续的，为了考察一定浓度的 ReO_4^- 溶液持续通过时纳米零价铁对 ReO_4^- 的去除效果，以混合了纳米零价铁的黄土和单纯的黄土对固定浓度的 ReO_4^- 溶液的持续作用进行了对照实验。

具体步骤如下：

① 前面几个步骤同 4.4.2.1 部分①～③。

② 将含铼 $100\mu g/mL$ 的溶液以 $0.2mL/min$ 的流速泵入泵入柱中，用自动采样仪收集出口溶液，在设计的时间间隔对出口溶液用 ICP 测量铼的浓度。当测得出口溶液的浓度随着时间延长基本不变时（达到峰值），把 ReO_4^- 溶液换成去离子水，按照相同的流速进行洗脱，直至洗脱液中 ReO_4^- 的浓度降至 $0.5\mu g/mL$ 以下，停止实验。

③ 把柱子中的纳米零价铁粉末和黄土混合物替换为黄土重复以上实验。

实验结果列于表 4.12。

表 4.12 不同时间内铼在黄土柱与纳米零价铁柱中渗透的对照实验结果

时间/min	黄土柱子渗出液中 Re 浓度 /(μg/mL)	纳米零价铁柱子渗出 Re 浓度 /(μg/mL)
30	0.00	0.00
60	1.14	0.00
90	11.20	0.00
120	70.42	1.65
150	82.50	50.91
180	90.73	70.90
210	98.46	75.65
240	99.05	79.34
270	105.10	83.11
300	106.07	82.91
330	108.74	84.32
360	100.42	75.65
390	102.53	70.05
420	90.22	70.00
450	81.62	70.34
480	75.31	69.37
510	67.93	65.80
540	72.01	65.65
570	43.00	55.30

时间/min	黄土柱子渗出液中 Re 浓度 /(μg/mL)	纳米零价铁柱子渗出 Re 浓度 /(μg/mL)
600	20.15	22.00
630	9.12	10.33
660	3.55	4.40
690	1.67	6.38
720	1.03	5.45
750	0.58	2.33
780	0.20	2.68
810	0.1	1.96
840	0.1	0.63
870	0.1	0.42
900	0.00	0.00
930	0.00	0.00
960	0.00	0.00

在第一种方案下进行的柱实验,得出纳米零价铁掺杂到黄土中对 ReO_4^- 的平均还原固定率达到 99%,即只有 1% 左右的污染物可以通过柱子。结果表明,定量的 ReO_4^- 通过掺杂了纳米零价铁粉末的土壤可以很好地在原位固定。因此,在土壤和地下水中的实际环境中,ReO_4^- 的迁移过程会被纳米零价铁有效地阻挡。也就是说,纳米零价铁对铼的原位固定有实际的处理效果。

由表 4.12 中数据作图 4.7。

由图 4.7 可以看出,实验过程中无论是纳米零价铁还是黄土,其峰值两侧的曲线呈现对称的形状,没有出现明显的拖尾现象。在 200min 左右时,装填黄土的柱子则在 100min 左右开始检测到 Re,装填纳米零价铁的柱子才检测到 Re,表明纳米零价铁对铼起到了很好的阻滞作用。随着铼溶液的不断加入,在渗出液浓度达到峰值前,装填黄土的柱子渗出液中铼的浓度几乎呈指数增长,很快被穿透。但是装填纳米零价铁的柱子与黄土柱子相比其缓冲能力则较强,并且对 ReO_4^- 起到了很好的固定作用。

柱实验结论表明纳米零价铁可以将 ReO_4^- 的渗出率降低 99%,纳米零价

铁对 TcO_4^- 的快速还原固定具有良好的应用潜力。

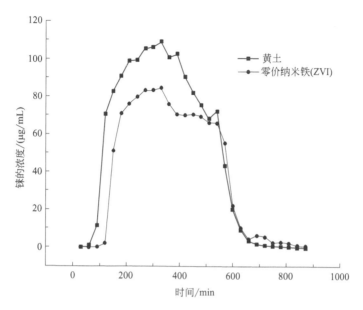

图 4.7　不同时间内铼在黄土柱与纳米零价铁柱中渗透的结果

4.5　稳定的纳米零价铁原位固定 Re(Ⅶ) 的机理研究

反应机理的研究是为了揭示出数目庞大的各种分子或原子表面上所发生的化学反应的实质关系，并用一些原理或反应遵循的原则将这些反应现象互相关联起来，从而能深入系统地掌握反应的内在规律性，更重要的是可以根据掌握的规律选择最适当的反应方法、反应路径和反应条件，最终实现人们对反应实质的掌握和控制，使得反应能更好地为人类利用。

反应机理的研究所遵循的原则是既要简单，又要能解释全部实验事实。提出的机理不但要在能量上是合理的，而且要在化学原理上是合理的。

4.5.1　热力学研究

化学热力学是从宏观的角度研究能量的转化、反应的方向和限度所应该遵循的规律。反应的限度可以对应于反应的化学平衡问题。一般来说，任何体系都有转变成它们最稳定状态的趋势。因此，可以预料当产物的稳定性越是大于反应物的稳定性时，则平衡越是移向产物一侧。经过大量实验事实总结出的化学平衡的规律在热力学中逐步形成了一个完善的理论。

吉布斯自由能的减小是反应的推动力，变小的数值越大，反应的推动力也越大，反应进行的程度也越大。

4.5.1.1　纳米零价铁与 ReO_4^- 的反应式推导

纳米零价铁和 ReO_4^- 的反应属于固液两相反应，但由于纳米微粒表面原子数所占总原子数的比例大，而且表面积大，与液相分子的接触概率很大，可以认为 ReO_4^- 与纳米微粒的作用主要涉及以下几个过程。

（1）在布朗运动过程中 ReO_4^- 和纳米零价铁微粒相互扩散

ReO_4^- 在液相中的扩散可分为外扩散和内扩散，外扩散是指 ReO_4^- 向纳米微粒表面传递或纳米微粒表面的离子和产物分子向体相传递的过程。内扩散是指结合于纳米微粒表面的 ReO_4^- 沿着包覆物分子和铁晶体孔隙向微粒的内表面传递的过程。如图 4.8 所示。

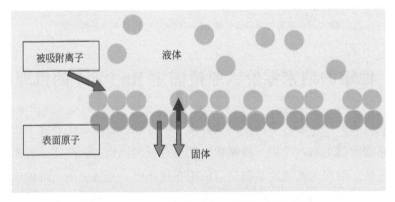

图 4.8　ReO_4^- 在液体中和纳米微粒表面传递示意

（2）在各种作用力下 ReO_4^- 在纳米零价铁表面的吸附

纳米微粒表面积大，具有较大的表面功，固体表面的原子处在不对称的力场中，而使固体表面具有表面自由能。小粒固体具有蒸汽压大（Kelvin 公式）、溶解度大、熔点低等特点。同一物质在固态时的表面张力总是大于液态时的表面张力，固体不能像液体那样通过收缩表面而降低表面能。因此，要吸附其他物质或分子来降低表面能。

不同粒径微粒的表面积和表面原子百分比如表 4.13 所列。

表 4.13 不同粒径微粒的表面积和表面原子百分比

边长	表面积/cm^2	表面原子/%
1cm	6	3×10^{-8}
1μm	6×10^4	30
1nm	6×10^7	99

按照纳米零价铁微粒粒径 80nm 计算，比表面积 A_{s0} 的计算公式为：

$$A_{s0} = A_s / m \tag{4.1}$$

式中 A_s——表面积；

m——微粒的质量。

由式（4.1）可得：$A_{s0} = 9.5 \text{m}^2/\text{g}$。

ReO_4^- 在纳米零价铁表面的吸附可以分为以下 3 类。

① 由范德华力，即分子间作用力等引起的物理吸附，物质被吸附就像蒸气分子在固体表面上液化一样。两者分子的电子密度没有明显的变化。其特点为：结合力较弱，容易解吸，吸附和解吸速度快但不发生化学性质变化。由于吸附是自发过程，$\Delta G = \Delta H - T \Delta S$，$\Delta G < 0$，$\Delta S < 0$，$\Delta H < 0$ 放热过程。

② 由化学键在一定条件下引起的化学吸附，存在电子的交换、转移或共有。吸附过程中形成化学键产生的热效应远大于物理吸附的，但是化学吸附是有选择性的。结合力较强，不容易解吸，会发生化学性质变化，受温度影响大，吸附能力也较高。

③ 由溶质的离子在静电引力作用下发生的交换吸附，可以从吸附剂表面置换出原先固定在这些带电点上的离子。

ReO_4^- 在纳米零价铁表面的吸附平衡示意如图 4.9 所示。

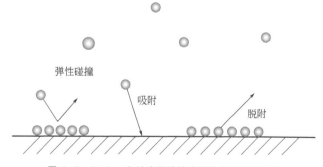

图 4.9 ReO_4^- 在纳米零价铁表面的吸附平衡示意

而实际的 ReO_4^- 在纳米零价铁表面的吸附过程中，以上 3 类吸附往往同时存在甚至能够相互转化，难以明确区分。

物理吸附向化学吸附的转变如图 4.10 所示。

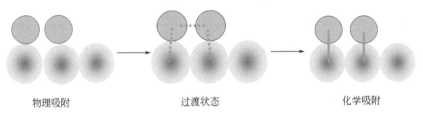

物理吸附　　　　　　　　过渡状态　　　　　　　　化学吸附

图 4.10　物理吸附向化学吸附的转变

（3）西金森和马歇尔半经验规则推导反应式

ReO_4^- 与纳米零价铁之间由于得失电子发生氧化还原反应，生成产物吸附于纳米微粒表面，或脱附后扩散到液相中，难溶物沉淀。几个过程中，反应的过程和脱附需要一定活化能才能进行，构成反应的控制步骤。目前，国内外对于稳定的纳米零价铁与 ReO_4^- 的反应热力学、动力学、还原产物及反应历程的研究没有统一的认识。因此，确定反应的化学式和反应产物是机理研究的首要任务。

假定纳米零价铁在溶液中均匀分布，由于粒径减小，表面原子数与总原子数之比增大，过渡金属易于生成杂化轨道的性质、金属中电子的自由移动最终导致表面原子配位数严重不足，而纳米微粒具有高的表面能，提供了生成化学键需要的能量，因此表面原子具有很高的化学势和化学活性，极不稳定。依据西金森和马歇尔（W. C. E. Higginson and J. W. Marshall）针对过渡金属离子之间反应提出的半经验规则，即过渡金属发生一系列反应时，氧化值的变化以 1 或 2 的基本值进行。所以根据第ⅦB 族过渡金属元素核外电子 $nd^5(n+1)s^2$ 的性质推断铁和铼之间引发的反应机理为：

$$Re(Ⅶ) + Fe(0) \longrightarrow Re(Ⅴ) + Fe(Ⅱ) \tag{4.2}$$

$$2Re(Ⅴ) + Fe(0) \longrightarrow 2Re(Ⅳ) + Fe(Ⅱ) \tag{4.3}$$

$$Re(Ⅶ) + 2Fe(Ⅱ) \longrightarrow Re(Ⅴ) + 2Fe(Ⅲ) \tag{4.4}$$

$$Re(Ⅴ) + Fe(Ⅱ) \longrightarrow Re(Ⅳ) + Fe(Ⅲ) \tag{4.5}$$

将 $2×$式（4.2）＋式（4.3）＋式（4.4）＋式（4.5）可得：

$$Re(Ⅶ) + Fe(0) \longrightarrow Re(Ⅳ) + Fe(Ⅲ) \tag{4.6}$$

即：

$$2ReO_4^- + 2Fe^0 + 2H^+ \longrightarrow ReO_2 + Fe_2O_3 + H_2O \tag{4.7}$$

式（4.5）也可采取最简单的两步，即式（4.1）和式（4.4）相加得到，把 Re（Ⅴ）当作中间产物，以氧化值升高降低之比确定反应平衡态，按照西金森和马歇尔半经验规则计算：

$$Fi = (5-4)/(7-5) = 1/2;$$

$$C.I(6) = (3-2)/(2-0) = 1/2,$$

则有
$$Fi = C.I(6)。$$

因此可将式（4.7）作为该反应的总反应式。从该反应式推导可以得出产物中主要包含了 ReO_2，该反应为消耗 H^+ 的过程，而 ReO_4^- 在酸性介质中易于迁移，而在碱性介质中不易迁移，所以该结果表示反应向着不利于 ReO_4^- 迁移的方向进行。

4.5.1.2　反应热力学计算

吉布斯（Gibbs J W，1839～1903）定义了一个状态函数：

$$G == H - TS \tag{4.8}$$

G 称为吉布斯自由能（gibbs free energy），是状态函数，具有容量性质，单位为 J。要使反应发生，产物的自由能必须低于反应物的自由能，即 ΔG 必须是负值。

$$\Delta G = \Delta H - T\Delta S = -RT\ln K \tag{4.9}$$

化学反应中，温度为 T 时，$\Delta_r G = \Delta_r H - T\Delta_r S$ 较好的反应条件应是低焓变和高熵变。

根据热力学定律，反应的吉布斯函数和化学反应平衡常数以及氧化还原反应中的电动势之间有如下关系：

$$\Delta_r G_m^\Theta = -RT\ln K^\Theta = -zFE^\Theta \tag{4.10}$$

式中　$\Delta_r G_m^\Theta$——反应标准摩尔吉布斯函数；

　　　K^Θ——反应标准平衡常数；

　　　E^Θ——标准电动势；

　　　F——法拉第常数；

　　　R——摩尔理想气体常数；

　　　T——反应温度，K，取值 298K；

z——转移的电荷数。

对于反应

$$2\text{ReO}_4^- + 2\text{Fe}^0 + 2\text{H}^+ \longrightarrow \text{ReO}_2 + \text{Fe}_2\text{O}_3 + \text{H}_2\text{O} \quad (4.11)$$

$$E^\ominus = E^\ominus_{\text{ReO}_4^-/\text{ReO}_2} - E^\ominus_{\text{Fe}^{3+}/\text{Fe}^0} = 0.51 - (-0.037) = 0.547(\text{V}) \quad (4.12)$$

$$\Delta_r G_m^\ominus = -zFE^\ominus = -3 \times 96485 \times 0.547 = -158.33\text{kJ/mol} \quad (4.13)$$

$$K^\ominus = \exp\left(-\frac{\Delta_r G_m^\ominus}{RT}\right) = 5.70 \times 10^{27} \quad (4.14)$$

通过计算得到反应的 $\Delta_r G_m^\ominus = -158.33\text{kJ/mol}$，根据吉布斯自由能判据可知该反应是可以进行的，而且平衡常数 $K^\ominus = 5.70 \times 10^{27}$，可以看出，反应能够进行得很彻底，或者说反应是不可逆的。

所以，把式（4.11）当作反应的总反应式。

同理，由上述离子反应进行热力学的计算，可得到纳米零价铁还原固定土壤中锝的相关数据：

$$E^\ominus = E^\ominus_{\text{TcO}_4^-/\text{TcO}_2} - E^\ominus_{\text{Fe}^{3+}/\text{Fe}^0} = 0.738 - (-0.037) = 0.775(\text{V}) \quad (4.15)$$

吉布斯自由能为：

$$\Delta_r G_m^\ominus = -zFE^\ominus = -3 \times 96485 \times 0.775 = -224.33\text{kJ/mol} \quad (4.16)$$

平衡常数为：

$$K^\ominus = \exp\left(-\frac{\Delta_r G_m^\ominus}{RT}\right) = 2.10 \times 10^{39} \quad (4.17)$$

计算结果 $\Delta_r G^\ominus = -224.33\text{kJ/mol}$，$K^\ominus = 2.10 \times 10^{39}$。与铼的计算结果比较可知，吉布斯自由能更小，平衡常数更大。同时，从热力学数据 $E_{\text{TcO}_4^-/\text{TcO}_2} > E_{\text{ReO}_4^-/\text{ReO}_2}$，根据电化学理论，阴极电极电位越高，被还原能力越强，因此高锝酸根的还原比 ReO_4^- 更容易，而且反应的程度更大，反应更彻底。总反应：

$$2\text{TcO}_4^- + 2\text{Fe}^0 + 2\text{H}^+ \longrightarrow 2\text{TcO}_2 + \text{Fe}_2\text{O}_3 + \text{H}_2\text{O} \quad (4.18)$$

也就是说，实验中还原铼的数据可以作为还原固定锝的参考依据。

4.5.2 动力学研究

反应热力学主要涉及了反应进行的方向和限度，既不涉及变化过程所经历的途径和中间步骤，也不考虑时间的因素，不能回答反应的快慢问题。其中的能量关系和要求是反应所能发生的必要条件，但不是充分条件。换言之，反应要向规定的方向进行，必须遵循热力学能量之间的原理和规律，但并不是遵循热力学能量之间的原理和规律的反应就能够进行，还存在一个反应的速率的问题，也就是化学反应动力学的范畴。

化学动力学的发展比化学热力学晚得多，只有一百多年的历史，而且没有热力学那样有较完整的系统。化学反应动力学任务就是要了解反应的速率、反应的历程以及各种影响反应速率的因素。从而给人们提供选择反应条件、掌握控制反应进行的主动权，尽可能减少反应副产物，使化学反应按人们所希望的速率和历程进行。

4.5.2.1　应用阿伦尼乌斯（Arrhenius）理论对反应活化能的计算

（1）阿伦尼乌斯（Arrhenius）理论

Arrhenius 认为，并不是反应分子之间的任何一次直接接触（或碰撞）都能发生反应，只有那些能量足够高的分子之间的直接碰撞才能发生反应，也称为有效碰撞。反应速率取决于产生有效碰撞的频率，那些能量高到能发生反应的分子称为"活化分子"（activated molecule）。由非活化分子变成活化分子所需要的能量称为活化能。分子或离子为了进行反应必须相互碰撞，除了空间因素或碰撞的方向外，碰撞的分子还必须有足以引起反应的活化能才能反应。

反应速率与化学反应的活化能大小紧密联系，活化能越低，活化分子就会越多，发生有效碰撞频率越高，反应速率越快。因此，降低活化能或增加活化分子比率可增加反应速率。

活化能加快反应速率的原理如图 4.11 所示。

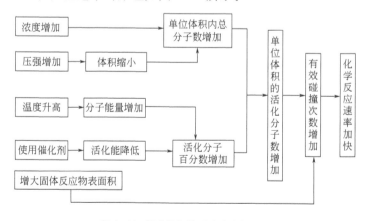

图 4.11　活化能加快反应速率的原理

阿伦尼乌斯理论不但符合基元反应的规律，而且同样也适用于许多复杂的反应。多数化学反应的速率会呈温度的增高数值的指数加快。

Arrhenius 研究了许多气相反应的速率，他提出了活化能的概念，并揭示了反应速率常数与温度的依赖关系，即

Arrhenius 公式

$$k = Ae^{-E_a/RT} \tag{4.19}$$

式中　k——温度为 T 时反应的速率常数；

　　　R——摩尔理想气体常数；

　　　A——指前因子；

　　　E_a——表观活化能。

假定 A 与 T 无关，可得到微分形式：

$$\frac{\mathrm{d}\ln k}{\mathrm{d}T} = \frac{E_a}{RT^2} \tag{4.20}$$

积分式为：

$$\ln k = -\frac{E_a}{RT} + \ln A \tag{4.21}$$

(2) 纳米零价铁处理 ReO_4^- 反应的活化能研究

依据阿伦尼乌斯原理，$\ln k$ 与 $1/T$ 呈线性关系，直线斜率能求出反应的活化能 E_a 值。本研究把实验数据应用于这个理论中进行推导如下。

按照前面实验部分中表 4.8 中数据作图，如图 4.12 所示。

由图 4.12 可知，纳米零价铁与 ReO_4^- 的反应速率随着反应温度的升高呈现上升趋势，通过计算，从 15 ℃时速率常数为 0.351h^{-1}，而 45℃时速率常数为 0.428h^{-1}。由此可知，反应温度的升高对还原 ReO_4^- 的反应是有利的。升高反应温度可以提高反应物分子的能量，使活化分子和零价铁表面的化学活性位点增多，从而加快 ReO_4^- 与纳米零价铁的化学反应，进而提高纳米零价铁还原铼的能力。实验发现，反应的 $\ln k$ 与绝对温度的倒数呈线性相关，以 $\ln k$ 对 $1/T$ 作图，得到图 4.13。

从图 4.13 可以看出，$\ln k$ 与 $1/T$ 呈负相关的关系，相关系数 $r = 0.988$。由式(4.21)可知，斜率为 $-E_a/R$，由图 4.13 中计算斜率为 -616.56，则活化能 E_a 为 5.13kJ/mol，指前因数 A 为 9.29s^{-1}。可以看出，该反应的活

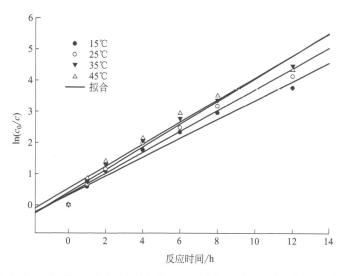

图 4.12　不同温度下纳米零价铁与 ReO_4^- 反应的 $\ln(c_0/c)$ 随时间的变化

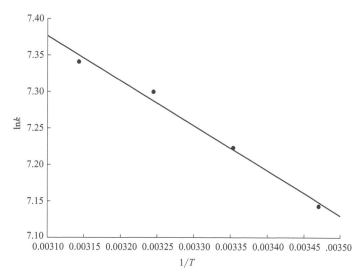

图 4.13　纳米零价铁与 ReO_4^- 反应的 $\ln k$ 随 $1/T$ 的变化

化能并不高，尽管温度的改变对反应速率常数和 ReO_4^- 的去除效果有一定的影响，但却影响不大，因此在常温下或地下温度时反应具有良好的效果。

4.5.2.2　反应级数确定，纳米零价铁还原铼的反应动力学分析

纳米零价铁与 ReO_4^- 反应的反应级数还未见文献报道，现采用不同动力

学模型对该反应的级数进行确定。

（1）利用朗格缪尔-欣谢尔伍德（Langmuir-Hinshelwood）反应动力学模型对反应级数探讨

Langmuir-Hinshelwood 动力学模型是主要针对表面反应步骤为速控步的反应提出的。该模型假定是理想表面，即被吸附的分子之间没有作用力，吸附质的表面满足 Langmuir 吸附等温式。

朗格缪尔在 1916 年提出 Langmuir 吸附等温式的吸附模型，该模型设定具有不饱和力场的固体表面原子会吸附碰撞上来气体分子或溶质分子，被吸附的分子间无相互作用，固体的表面均匀吸附一层分子时力场被饱和。因此，吸附层是单分子层。

根据吸附过程中分子进行反应的不同历程分以下几种情况阐述。

1）表面单分子反应

表面单分子反应是指只有反应物单种分子被吸附，反应步骤如下：

$$A+-\overset{|}{S}- \underset{k_{-1}}{\overset{k_1}{\rightleftharpoons}} \left(-\overset{\overset{A}{|}}{S}-\right)^{\neq} \xrightarrow{k} P+-\overset{|}{S}- \tag{4.22}$$

式中　A——反应物；

　　　P——产物；

　　　S——固体表面。

该反应的特点是吸附和脱附的速率都很快，因而整个反应的速率由较慢的表面反应来决定。

2）表面双分子反应

表面双分子反应是指在固体表面同时吸收而且相邻的 A 和 B 分子间发生的反应。该反应的速率决定于 A 和 B 分子能够在相邻位置相遇的概率，这个概率是与表面覆盖度成正比的。大多数表面双分子反应符合这一规律，服从该动力学模型。反应步骤如下：

$$A+B+-\overset{|}{S}-\overset{|}{S}- \underset{k_{-1}}{\overset{k_1}{\rightleftharpoons}} \left(-\overset{\overset{A}{|}}{S}-\overset{\overset{B}{|}}{S}-\right)^{\neq} \xrightarrow{k} P+-\overset{|}{S}-\overset{|}{S}- \tag{4.23}$$

式中　A、B——反应物；

P——产物；

S——固体表面。

在研究中，可以看作 ReO_4^- 在纳米零价铁表面进行的还原反应，由于纳米零价铁是过量多倍的，因此近似认为纳米零价铁的浓度是不变的，以表面单分子模型分析。根据动力学基本理论，可用 ReO_4^- 的浓度随时间的变化来研究反应机理。根据 Langmuir 的"扩散和吸附"机理和反应速率的定义式，可得如下公式：

$$v = -\frac{dc}{dt} = \frac{Kbc}{1+bc} \tag{4.24}$$

式中　K——固体表面反应的速率常数；

b——吸附常数；

c——浓度。

在本研究中，ReO_4^- 的初始浓度为 5mg/L、10mg/L、15mg/L、20mg/L，$bc \ll 1$，式（4.24）可以简化为：

$$v = -\frac{dc}{dt} = Kbc \tag{4.25}$$

令，$k_{obs} = Kb$，式（4.25）积分可得：

$$\ln(c_0/c) = k_{obs}t \tag{4.26}$$

由式（4.26）表明，$\ln(c_0/c)$ 与 t 呈线性关系。符合一级反应的特征，所以确定纳米零价铁还原固定 Re（Ⅶ）的反应是准一级反应。

但是，朗格缪尔-欣谢尔伍德（Langmuir-Hinshelwood）动力学模型是建立在朗格缪尔吸附理论的基本假定上的，属于是单分子层的化学吸附模型，是有缺陷的。该机理假定固体表面为理想表面，每个吸附中心在吸附分子时需要的吸附热是固定且相同的，吸附剂表面的活性完全一样，可以"均匀吸附"。但对于实际研究来说，实际情况与理想状态是有偏差的，例如其吸附量与吸附表面的分子以及产物沉积于零价铁表面都有关。

利用 Langmuir-Hinshelwood 反应动力学模型对反应机理的推导，确定了纳米零价铁与 ReO_4^- 的反应是准一级反应。但是，Langmuir-Hinshelwood 反应动力学模型的应用条件是近似认为反应中的 ReO_4^- 之间没有作用力，而且把反应近似看作是单纯的表面反应，因此得到的结论必然有一定偏差。

（2）应用尝试法确定反应级数

尝试法是指根据化学动力学中反应速率的定义和质量作用定律推导出各级反应的特征，然后以实验数据拟合线性关系对照确定反应级数的方法。

设化学反应的速率公式可写为如下形式：

$$v = \frac{1}{v_B} \frac{dc_B}{dt} = k c_B^n \tag{4.27}$$

式中 c_B——任一物质 B 的浓度；

        v_B——任一物质 B 的反应计量系数；

        n——指数。

根据一级反应的特征，以 $\ln(c_0/c)$ 对 t 作图，如果得到的是线性关系，则是一级反应。同理二级反应的特征是 $1/(c_0-c)$ 与 t 呈线性关系；三级反应的特征是 $1/(c_0-c)^2$ 与 t 呈线性关系。

根据物理化学的动力学反应级数确定原理，设定 t 为反应时间，c_0 为 ReO_4^- 初始浓度；c 为反应在 t 时刻的 ReO_4^- 浓度；则，一级反应 $\ln(c_0/c)$ 与 t 呈线性关系；二级反应 $1/(c_0-c)$ 与 t 呈线性关系；三级反应 $1/(c_0-c)^2$ 与 t 呈线性关系。将表 4.3 中的数据，分别以 $\ln(c_0/c)$ 对 t，$1/(c_0-c)$ 对 t 和 $1/(c_0-c)^2$ 对 t 作图，得到图 4.14。

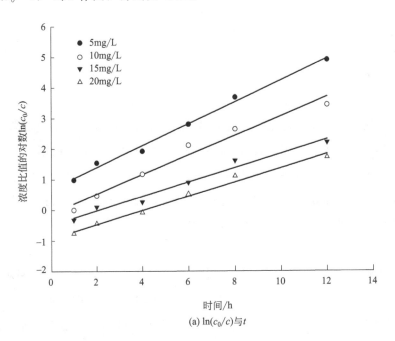

(a) $\ln(c_0/c)$ 与 t

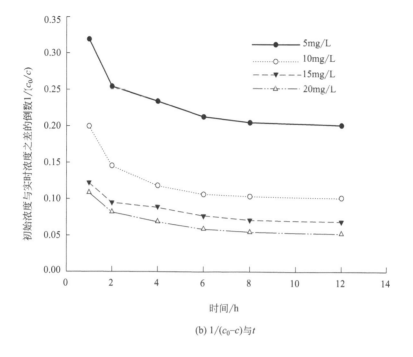

(b) $1/(c_0-c)$ 与 t

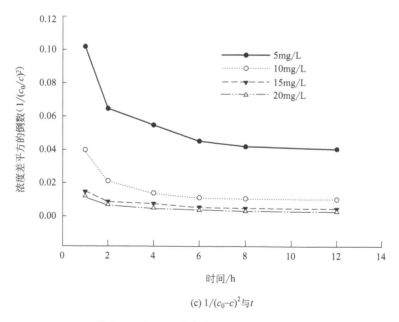

(c) $1/(c_0-c)^2$ 与 t

图 4.14　ReO_4^- 浓度关系与 t 的拟合曲线图

通过尝试法并由图 4.14 可以看出，只有 $\ln(c_0/c)$ 与时间 t 呈现良好的线性关系，不同初始浓度的铼与纳米零价铁的还原反应都遵循一级反应动力学规律，这与动力学中的"一级反应的速率是与初始浓度无关"的规律是一致的。由表 4.3 计算可得，反应 12h 时铼的去除率分别达到 99.25％、98.38％、96.32％、95.46％，纳米零价铁能够很好地还原溶液中的铼，这与热力学理论推导保持一致。在浓度为 5mg/L、10mg/L、15mg/L、20mg/L 下，反应速率常数 k_{obs} 分别为 $0.356h^{-1}$、$0.318h^{-1}$、$0.233h^{-1}$、$0.230h^{-1}$相关系数 r 分别为 0.992、0.970、0.975、0.986。

结果显示，图 4.14(a) 呈现良好的线性关系，即 $\ln(c_0/c)$ 与 t 呈线性关系，符合一级动力学方程。但是并不是严格符合一级反应规律，因为该反应随着初始浓度的变化和反应时间的延长，反应会变得复杂。

（3）应用 Runge-Kutta 方法进行动力学拟合

为了快速准确地解决复杂和琐碎的化学反应机理和化学反应动力学的计算和研究，当前大量的研究集中利用计算机技术解决化学反应动力学参数的计算问题，如阿仑尼乌斯活化能、反应级数和速率系数等问题。由欧拉法改进的龙格-库塔（Runge-Kutta）法是解决此类问题常用的方法，黄雪征经过研究表明：在化学反应动力学参数计算中应用四阶 Runge-Kutta 法和数值积分法不会产生明显的误差，模拟计算结果可靠。为此本研究采用龙格库塔方法对纳米零价铁还原固定铼的动力学进行拟合。

Runge-Kutta 算法是建立在数学推导基础之上的，设有常微分方程：

$$\begin{cases} y^1(t)=f(t,y), t_0 \leqslant t \leqslant T \\ y(t_0)=y_0 \end{cases} \tag{4.28}$$

设 $f(t,y)$ 在

$$D_0=\{(t,y) \mid t_0 \leqslant t \leqslant T, \mid y \mid <\infty\} \tag{4.29}$$

区域内连续，且变量 y 满足李普希兹（Lipschitz）条件，即存在常数 L，对 D_0 内 (t, u_1) 和 (t, u_2) 的任何两点，有不等式成立，

$$\mid f(t,u_1)-f(t,u_2) \mid \leqslant L \mid u_1-u_2 \mid \tag{4.30}$$

则有，式(4.30)的解在 $[t_0, T]$ 区间上存在且唯一。

通常要计算 $y(x)$ 在一系列点处的近似值 y_n：

$$t_0 \leqslant x_0 < x_1 < x_2 < \cdots < x_{n-1} < x_n=T \tag{4.31}$$

一般 m 级显式单步法的形式为：

$$\begin{cases} y_{n+1} = y_n + h \sum_{i=1}^{N} c_i k_i \\ k_1 = f(t_n, y_n) \\ k_i = f\left(t_n + a_i h, y_n + h \sum_{j=1}^{i-1} b_{ij} k_j\right) \\ (i = 2, 3, \cdots, N) \\ a_i = \sum_{j=1}^{i-1} b_{ij} (i = 2, 3, \cdots, N) \\ (n = 0, 1, \cdots, M-1) \end{cases} \quad (4.32)$$

式中　a_i，b_{ij}，c_i——待定常数。

在实际问题中常用经典四级 Runge-Kutta 法来进行计算：

$$\begin{cases} y_{n+1} = y_n + \dfrac{h}{6}(k_1 + 2k_2 + 2k_3 + k_4) \\ k_1 = f(t_n, y_n) \\ k_2 = f\left(t_n + \dfrac{1}{2}h, y_n + \dfrac{1}{2}hk_1\right) \\ k_3 = f\left(t_n + \dfrac{1}{2}h, y_n + \dfrac{1}{2}hk_2\right) \\ k_4 = f(t_n + h, y_n + hk_3) \end{cases} \quad (4.33)$$

利用 Runge-Kutta 法进行 MATLAB 拟合，将拟一级反应的动力学方程利用 Runge-Kutta 法进行作图分析，ReO_4^- 浓度分别为 5mg/L、10mg/L、15mg/L、20mg/L 时，通过实验和 MATLAB 的计算可以认为纳米零价铁还原铼的动力学反应为拟一级反应，得到实验值和拟合值的浓度变化如图 4.15 所示。

通过图 4.15 对比反应进行时的浓度变化可以发现拟合值可以较好地表现实验值的动力学规律。ReO_4^- 浓度为 5mg/L 和 10mg/L 时实验值与拟合值的变化规律非常吻合；而浓度增大时，即初始浓度为 15mg/L 和 20mg/L 时，反应刚开始的曲线可以重合，但随着时间的延长实验值偏离拟合值。结果表明，ReO_4^- 浓度大的时候，逐渐生成的产物将影响实际反应偏离一级反应规律。

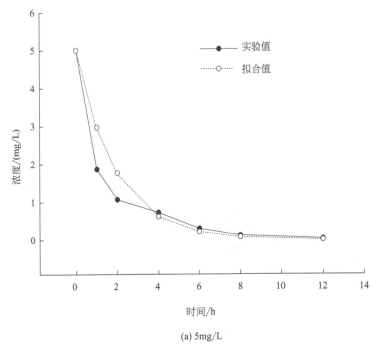

(a) 5mg/L

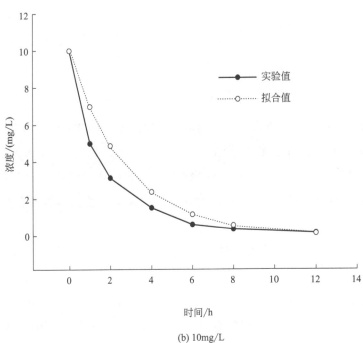

(b) 10mg/L

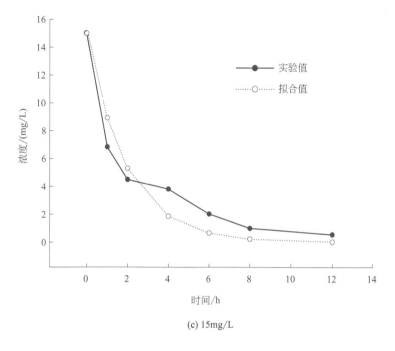

(c) 15mg/L

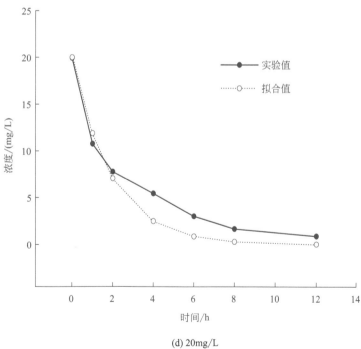

(d) 20mg/L

图 4.15　不同初始浓度的反应中 ReO_4^- 浓度的实验值和拟合值对比

4.5.3 ReO$_2$ 对反应动力学的影响

在铼的不同初始浓度下拟合出了不同的速率常数和反应级数，这显然是与 Langmuir-Hinshelwood 反应动力学模型对反应机理推导的结果不完全一致。也就是说我们常用的一级反应的说法未必准确地描述了在多相系统中的纳米微粒作为电子供体的反应动力学，可能需要考虑反应中生成的 ReO$_2$ 会干扰纳米颗粒的活性和反应的机理。

根据前面的热力学分析，ReO$_4^-$ 经过纳米零价铁颗粒的最终还原产物主要包括 ReO$_2$ 固体和氧化铁。它已经充分表明，当零价铁转化为正离子溶解时氧化铁会形成并包覆与微粒表面，ReO$_2$ 固体也会吸附沉积在纳米微粒的表面，这导致了电子转移减缓和反应速率的降低，阻止了纳米微粒表面的反应位点，使反应动力学进一步复杂化。

考虑到 ReO$_2$ 对反应机理的影响，确定了一个 n 级反应的模型，如式（4.34）所列：

$$\frac{\mathrm{d}C}{\mathrm{d}t} = kC^n \qquad (4.34)$$

式中 n——反应级数；

k——反应速率常数。

为了更好地分析该反应机理，将表 4.3 的实验数据代入式（4.34），通过 MATLAB 非线性拟合 k 和 n 的值，拟合的结果见表 4.14。

表 4.14 MATLAB 拟合纳米零价铁与 ReO$_4^-$ 反应级数的结果

ReO$_4^-$ 浓度/(mg/L)	n	k
5	0.90	0.52
10	1.17	0.36
15	1.14	0.31
20	1.22	0.23

表 4.14 表明，随着高铼酸盐初始浓度的增加，反应级数从 0.90 增加至 1.22，速率常数从 0.52h^{-1} 降低到 0.23h^{-1}。在反应体系中，搅拌速度较快，因此，传质不应该是速率控制。考虑到在零价铁纳米颗粒的表面上反应的产物是固体 ReO$_2$，ReO$_4^-$ 浓度大的时候反应速率降低，可以归因于 ReO$_2$ 沉淀到纳米颗粒表面上的因素。由于纳米微粒表面在吸附作用下，部分表面被生成物

覆盖，活性位点减少。微粒表面活性位点占有总表面的比例减小，在 Re(Ⅶ)浓度高的情况下被覆盖的微粒表面不能忽略，即可以认为活性位点体现出一定的"浓度"，铁与 ReO_4^- 之间的有效碰撞减少，影响反应速率的浓度不再是只有 ReO_4^- 的浓度，还需要考虑铁的表面浓度。因此，反应级数不再是一级反应向二级反应的规律变化。

反之，初始浓度小的时候，产物不易阻挡活性位点，纳米微粒表面活性位点多，发生类似于表面催化的反应，从而反应级数向零级反应偏离，反应速率较高。在反应的初始阶段，更多的反应位点是可用的。然而，随着反应的进行，越来越多的产物覆盖在纳米颗粒的表面上，从而越来越多的反应活性部位被阻滞。同时，从拟合数据中可以发现，初始浓度低时反应更类似 Langmuir-Hinshelwood 反应动力学模型的条件，由于铁的 $3d^6 4S^2$ 轨道特点，使其具有表面催化效应，纳米零价铁对 ReO_4^- 的还原反应中铁既是反应物又是表面催化剂，所以其结果接近一级反应，向零级反应的方向偏离。因此，纳米零价铁还原 ReO_4^- 的反应速率和反应级数会受到土壤或地下水中离子浓度的影响。

4.6　本章小结

本章将液相还原法制备的稳定的纳米零价铁用于土壤和水中 ReO_4^- 原位还原固定的批实验和柱实验研究，主要讨论了不同初始浓度、不同初始 pH 值、不同温度和不同粒径等条件下对 ReO_4^- 还原固定效果的影响，并对纳米零价铁原位还原固定 ReO_4^- 的机理进行了探讨。

主要得到如下结论：

① 纳米零价铁对不同初始浓度的 ReO_4^- 都具有良好的去除率。本章以 5mg/L、10mg/L、15mg/L、20mg/L 的初始浓度进行了实验 12h 后，去除率都达到 95% 以上，浓度越小去除率越高，浓度为 5mg/L 时去除率达到 99.26%。

② 经过实验探索和理论推导证明，对反应结果进行线性回归分析，该反应基本符合一级动力学反应规律。在实验中发现，随着 ReO_4^- 初始浓度的增大，生成的产物将影响纳米零价铁表面的反应活性位点，使活性表面积的比例减小，会影响反应的速率和反应级数略有偏离一级反应规律。

③ 在进行较长时间（7d）的实验后得出，反应 1d 后平均去除率就可达到 98.83％，第 6 天和第 7 天去除率基本不变（99.30％）。因此，该反应适用于污染物的快速应急处理，处理效果良好。

④ 所制备纳米零价铁与普通铁粉（150μm）的对比实验显示，纳米零价铁比普通铁粉去除率高出很多，反应 12h，去除率分别为 98.4％和 24.14％。

⑤ 柱实验显示，黄土中添加纳米零价铁后能有效原位固定铼。从柱子中洗脱出的铼的浓度只有不到 1％，而且能有效阻止 ReO_4^- 通过这样的屏障层，为环境中的实际应用提供了理论指导。

⑥ 研究得出，反应式为 $2ReO_4^- + 2Fe^0 + 2H^+ \longrightarrow ReO_2 + Fe_2O_3 + H_2O$，反应的活化能为 5.13kJ/mol，活化能较低，容易进行反应。反应的吉布斯自由能 $\Delta_r G_m^\ominus = -158.33$kJ/mol，平衡常数 $K^\ominus = 5.70 \times 10^{27}$，反应的化学势有利于反应向正向进行，而且反应彻底；同时求得纳米零价铁与 TcO_4^- 反应的热力学数据为 $\Delta_r G^\ominus = -224.33$kJ/mol，$K^\ominus = 2.10 \times 10^{39}$。可看出无论化学势还是反应程度都比铼容易反应，并反应更安全。

综上所述，纳米零价铁作为突发污染事件的应急处理效果很好。对于选择核废物的长期地质处置的屏障材料，本书第 5 章选取了具有相对稳定晶胞的天然黄铁矿进行研究。

参 考 文 献

[1] 傅献彩，尤文霞，姚天扬，等. 物理化学（5 版）[M]. 北京：高等教育出版社，2005.

[2] 顾学成. 无机化学反应机理 [M]. 北京：化学工业出版社，2009.

[3] 段鹤. 溶胶—凝胶水热法结合电泳技术制备 FeS_2 薄膜研究 [D]. 乌鲁木齐：新疆大学，2004.

[4] Milosevie S，Ristic M M. Thermodynamics and Kentics of Mechanical Activation of Materials [J]. Science of Sinering，1998，30：29-38.

[5] Rempel A A，Nazarova S Z. Magnetic properties of iron nanoparticles in submicrocrystalline copper [J]. Materials Science Forum，1999，307：217-222.

[6] 许越. 化学反应动力学 [M]. 北京：化学工业出版社，2005.

[7] 郭汉贤. 应用化工动力学 [M]. 北京：化学工业出版社，2004.

[8] 黄雪征. 化学反应动力学的计算与计算机模拟 [D]. 北京：北京化工大学，2002.

[9] 胡蓉组，高胜利，赵凤起，等. 热分析动力学 [M]. 北京：科学出版社，2008.

[10] 熊杰明，张丽萍. 反应动力学参数的计算方法和计算误差 [J]. 计算机与应用化学，2003，

20 (1)：159-162.

[11] 邹俭鹏，尹周澜，陈启元，等 . 机械活化黄铁矿的活性与失效性 [J]. 中国有色金属学报，2002，12 (1)：201-204.

[12] Ding Q W，Qian T W. Reductive immobilization of Rhenium in water and soil using stabilized iron nanoparticles [J]. Advanced Materials Research 2011，187：313-318.

[13] Ding Q W，Qian T W，Yang L，et al. Kinetics of Reductive Immobilization of Rhenium in Soil and Groundwater Using Zero Valent Iron Nanoparticles [J]. Environmental Engineering Science，2013，30 (12)：713-718.

[14] 张小宝，刘宏芳，丁庆伟 . 零价纳米铁去除 ReO_4^- 的研究 . 环境污染与防治，2011，7-10.

[15] 杨帆，钱天伟，丁庆伟 . 纳米铁还原固定铼的动力学 . 核化学与放射化学，2011，33 (5)：280-284.

[16] 丁庆伟，钱天伟，杨帆 . 零价纳米铁还原 Tc(Ⅶ) 的动力学研究，中北大学学报（自然科学版），2012，33 (3)：320-323.

第5章

纳米级黄铁矿原位固定土壤和水中Re（Ⅶ）的实验及机理研究

第 4 章中研究了纳米零价铁对高铼酸根（ReO_4^-）的原位还原固定效果，并对反应机理进行了探讨。纳米零价铁与 ReO_4^- 的反应迅速且彻底，适于短时间内对 ReO_4^- 进行固定，适用于快速处理污染物。但是，纳米零价铁在自然环境中会缓慢氧化，逐渐失去反应活性，不适于长期稳定地作为核废物的屏障材料。对自然界长期稳定存在又具有还原固定作用的屏障材料的研究是非常有必要的。因此，在参阅大量文献的基础上，本章确定了以自然界稳定存在的天然黄铁矿作为还原材料对水中 ReO_4^- 的原位还原固定能力进行研究，也就是说纳米零价铁可应用于突发性的环境污染的应急快速处理，而天然黄铁矿作为长期稳定的屏障材料阻滞核废物进入生态环境。

本章是以容易随水迁移的 ReO_4^- 为研究对象，主要以批实验和柱实验的方法研究纳米级天然黄铁矿粉末对水中的 ReO_4^- 的去除能力以及反应机理。

纳米级黄铁矿粉末由第 3 章方法制得。黄铁矿在球磨过程中保持无氧环境，制备好的样品在低氧手套箱内保存，低氧手套箱内的环境为 H_2，体积分数为 1.6%，其余成分为 N_2，O_2 含量在 10^{-6} 以下。

5.1　实验试剂及仪器

在实验中用到的主要试剂和仪器如表 5.1、表 5.2 所列。

表 5.1　主要实验试剂

名称	化学式	规格
氮气	N_2	高纯(99.999%)
高纯氮混合气体	N_2, CO_2, H_2	(N_2 90%, CO_2 5%, H_2 5%)
氩气	Ar	高纯(99.999%)
无水乙醇	C_2H_5OH	分析纯
高铼酸钾	$KReO_4$	光谱纯
氢氧化钠	NaOH	分析纯
黄铁矿	FeS_2（云南石林西纳村）	北京水远山长矿物标本公司
黄土	主要组成为砂土和粉土	中国辐射防护研究院试验基地 (N37°41′,E112°42′)

表 5.2　主要实验仪器

名称	型号
电子分析天平	CPA225D
精密 pH 计	PHB-1
双层振荡器	HY-6
高速离心机	HITACHI CF16RXⅡ
数控超声波清洗器	KQ-500DB
双功能气浴恒温振荡器	ZD-85
冷冻干燥箱	LYOGT21 GT2-E
蠕动泵	OEM，S100-2B
低氧手套箱	天美(中国)科学仪器有限公司
X 射线光电子能谱仪(XPS)	AXIS ULTRA DLD
电感耦合等离子体发射光谱仪(ICP)	optima 7300V

5.2　纳米级黄铁矿原位固定土壤和水中 Re（Ⅶ）的批实验研究

5.2.1　实验方法和实验条件确定

5.2.1.1　实验基本方法

本研究采用批实验的方法，所用的铼溶液用 $KReO_4$ 和去离子水制备。为减少 O_2 的影响，在开始反应前首先用 N_2 对铼溶液曝气 5h 进行脱氧。反应器采用密封性良好的磨口棕色反应瓶。将在乙醇中超声分散之后的黄铁矿粉末和 ReO_4^- 溶液在手套箱内按照不同的固液比、pH 值以及不同粒径等条件配置。反应体系置于双功能气浴恒温振荡器上，使黄铁矿与 ReO_4^- 充分接触，每隔一定时间在低氧手套箱内取样，最后以转速为 15000r/min 离心 30min，取上清液，用 ICP 测量上清液中铼的含量。实验过程中控制变量为固液比、反应体系初始 pH 值。

5.2.1.2　实验条件的确定

实验在常温（25℃）下进行。由于主要研究天然黄铁矿对 ReO_4^- 的长期反应效果，而且该反应的速率远小于纳米零价铁与 ReO_4^- 的反应速率，因此，研究选择较低的 ReO_4^- 浓度（$1×10^{-4}$ mol/L）进行。利用 X 射线光电子能谱仪（XPS）对反应后的固相产物进行表征。分析条件为：X 射线源，单色化 Al 靶，$AlK\alpha h\upsilon = 1486.6$ eV。样品分析区域：$700\mu m ×300\mu m$。X 射线工作功率：150W。Re 的含量用电感耦合等离子体发射光谱仪（ICP）测定。

5.2.2　实验步骤、 结果分析与讨论

按照上述选取的反应条件和方法，批实验的一般步骤如下：

① 准确称取 0.014465g $KReO_4$ 放入 500mL 容量瓶中，用脱氧后的去离子水稀释至刻度，摇匀，得 $1×10^{-4}$ mol/L $KReO_4$ 溶液（Re，18.62mg/L），放入超低氧手套箱中待用。

② 将黄土在室内阴凉处自然风干、研碎，过 2mm 的尼龙筛待用。

5.2.2.1　固液比的影响 [黄铁矿粉末（g）与 ReO_4^- 溶液（mL）的不同配比]

温度为 25℃，pH 值为 6.5，实验所用的铼溶液用 $KReO_4$ 和去离子水制备，浓度为 $1×10^{-4}$ mol/L。为减少氧气的影响，在开始反应前首先用 N_2 对铼溶液曝气 5h，放入低氧手套箱内平衡 2h，黄铁矿粉末的量与溶液量分别按照 1∶5、1∶10、1∶20（g/mL）的比例进行。反应器采用密封性良好的带磨口塞的棕色试剂瓶，将混合后的瓶子密封从低氧手套箱中取出，先超声处理 30min 以打破粉体团聚，之后置于双功能气浴恒温振荡器上，使黄铁矿与 ReO_4^- 充分反应，每隔一段时间在低氧手套箱内取样，样品以转速为 15000r/min 离心 30min，取上清液，用 ICP 测量上清液中铼的含量。

实验数据如表 5.3 所列。

表 5.3　不同固液比下 ReO_4^- 的去除率

反应时间/h	ReO_4^- 去除率/%		
	固液比 1∶5	固液比 1∶10	固液比 1∶20
12	11.97	12.82	8.79
24	10.46	10.08	6.85
48	12.67	10.41	9.23
96	13.22	12.84	9.74
168	14.19	13.29	10.08
264	20.62	20.25	14.45

以表 5.3 作图 5.1、图 5.2。

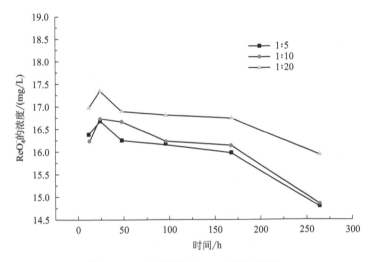

图 5.1　不同固液比下 ReO_4^- 的浓度变化

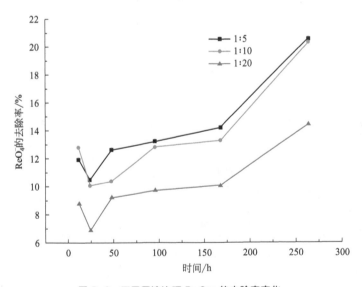

图 5.2　不同固液比下 ReO_4^- 的去除率变化

由图 5.1 和图 5.2 可知，ReO_4^- 的去除率随着体系 ReO_4^- 投加量的增多而降低，在整个反应过程中，固液比为 1∶20 时铼去除率最低，固液比为 1∶5 时对铼的去除率最高，当反应时间为 264h 时去除率为 21%，但是整个过程中与 1：10 条件下相差不大，除了考虑铼去除率因素外，过多的黄铁矿的使用会增加物理吸附的影响和成本，因此确定以 1：10 的固液比进行研究。

5.2.2.2　不同初始 pH 值对反应的影响

pH 值是影响纳米级天然黄铁矿和 ReO_4^- 反应的重要影响因素，因此研究了反应体系不同初始 pH 值对反应的影响。根据上一步实验结果，选取固液比 1：10、温度 25℃下，黄铁矿与 ReO_4^- 溶液的反应体系初始 pH 值为 2.7，ReO_4^- 溶液的初始浓度为 $1×10^{-4}\,mol/L$，用 NaOH 调整反应体系的初始 pH 值为 3.5、6.6、9 和 12。研究不同初始 pH 值对反应的影响及反应过程中 pH 值的变化规律（见图 5.3、图 5.4）。每隔一段时间在超低氧手套箱内取样，样品以转速为 15000r/min 离心 30min，取上清液，用电感耦合等离子体发射光谱仪（ICP）测量上清液中铼的含量。

实验数据见表 5.4、表 5.5。

表 5.4　不同 pH 值下 ReO_4^- 的去除率

反应时间/h	ReO_4^- 去除率/%				
	pH=2.7	pH=3.5	pH=6.6	pH=9	pH=12
0	0.00	0.00	0.00	0.00	0.00
24	10.46	7.63	14.03	8.94	26.74
48	11.97	5.09	17.27	10.06	29.91
96	13.02	4.65	17.32	17.38	36.20
168	14.67	5.28	18.73	21.45	38.98
264	20.25	5.47	19.83	27.60	41.65

表 5.5　pH 值随反应时间的变化

反应时间/h	pH=2.7	pH=3.5	pH=6.6	pH=9	pH=12
0	2.70	3.50	6.50	9.00	12.00
24	2.48	3.80	4.68	7.63	12.07
48	2.17	4.18	4.47	7.48	11.94
96	2.16	4.23	4.53	7.36	11.82
168	1.78	4.56	4.65	7.23	12.12
264	1.59	4.04	4.41	7.45	12.23

由表 5.4、表 5.5 作图 5.3、图 5.4，分析可知，在选取的 5 个不同 pH 值

条件下，ReO_4^- 的去除率在 pH＝12 时最高，而且随着时间的延长，反应体系中 pH 值维持在 12 左右。这是因为在较强碱性条件下，硫的氧化过程减慢，生成 H^+ 速度减慢；同时 ReO_4^- 的还原是消耗 H^+ 的过程，铁离子会沉淀部分 OH^-，反应体系中 H^+ 浓度在多种因素影响下变化不大。

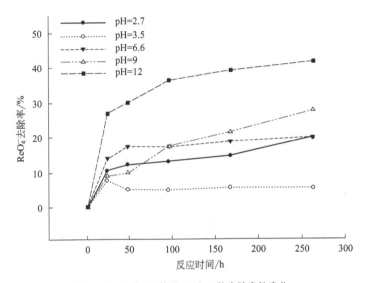

图 5.3　不同 pH 值下 ReO_4^- 的去除率的变化

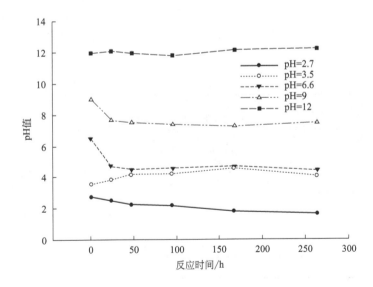

图 5.4　pH 值随反应时间的变化

在 pH＝2.7 的酸性条件下，由于硫的氧化加快，生成 H^+ 速度加快，使得 pH 值减小。然而，随着时间的延长 ReO_4^- 的去除率呈缓慢增高的趋势，表明在较强的酸性条件下对高铼酸根仍然有相对较好的去除效果。

对以上实验中反应体系的铁离子进行不同时间下测定结果如表 5.6 所列。

表 5.6　不同 pH 值下反应溶液中铁离子的浓度　　　单位：mg/L

反应时间/h	铁离子的总浓度		
	pH＝3.5	pH＝6.6	pH＝12
24	61.56	1.222	1.236
48	79.28	2.083	3.524
96	82.50	4.004	4.31
168	85.12	6.52	4.59
264	103.67	10.09	4.36

由表 5.6 中数值作图，如图 5.5、图 5.6 所示。

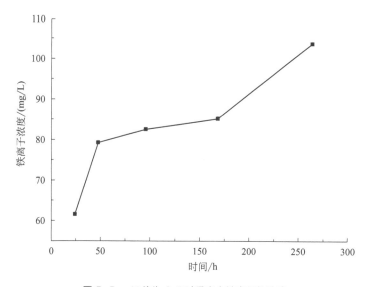

图 5.5　pH 值为 3.5 时反应中铁离子的浓度

纳米级天然黄铁矿与铼的反应体系中会生成铁离子，但由于式（5.6）的计算得出在 pH 值增大到 3.2 时，溶液中 Fe^{3+} 的浓度＜10^{-5}。因此，在图 5.5 和图 5.6 中的铁元素主要以 Fe^{2+} 存在，在 pH 值为 12 的时候溶液中的 OH^-

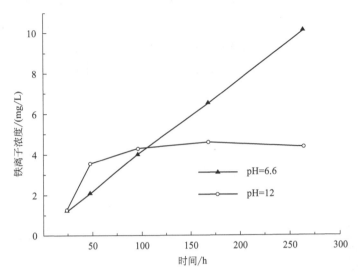

图 5.6 pH 值为 6.6 和 12 时反应中铁离子的浓度

会将 Fe^{2+} 以难溶的氢氧化物沉淀，氢氧化物吸附 ReO_4^- 到纳米微粒表面，从而增加反应物的接触，在物理吸附和化学吸附的共同作用下提高了还原效率。另外，由于黄铁矿的溶解过程是放出 H^+ 的过程，因此，碱性条件有利于反应向右进行。一般认为，氧化还原反应都是酸性容易进行。而黄铁矿由晶体溶解为自由的离子是决定本反应的关键。如果离子不能从晶体当中逸出，即使酸性条件下存在较高的氧化电位也无法使反应快速进行。而且在碱性条件下铁元素的不同氢氧化物的生成有利于反应平衡的移动，所以，在 pH＝12 时的碱性条件下去除率较高。

5.2.2.3 初始 pH＝12 条件下较长时间的反应

在固液比 1∶10、初始 pH＝12，温度 25℃下，反应 55d 对 ReO_4^- 的还原效果实验数据见表 5.7。

表 5.7 较长时间（55d）的 ReO_4^- 的去除率

反应时间	ReO_4^- 去除率/%
15min	8.63
12h	17.99
2d	29.91
4d	36.20

续表

反应时间	ReO₄⁻ 去除率/%
7d	38.98
11d	41.65
27d	48.25
55d	58.75

对表 5.7 的数据分析可得出图 5.7。

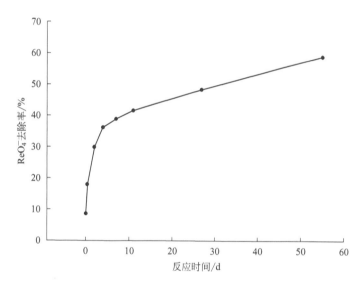

图 5.7　反应 55d 时纳米级黄铁矿对 ReO₄⁻ 的去除率

通过对固液比 1∶10、初始 pH＝12，温度 25℃下的反应体系进行 55d 的反应，分析可知，由于黄铁矿为 NaCl 型晶体结构，以共价键结合，晶体稳定性较好，反应活性较低，所以反应较慢，55d 去除率达到 58.75%，但是从图 5.7 上可以看出其反应趋势很好。这正是黄铁矿作为处理处置半衰期长的放射性污染物的优点，可以实现对污染物的长期有效的作用。

5.2.2.4　粒径影响

为了探索不同粒径黄铁矿对反应的影响，在固液比 1∶10、温度 25℃、初始 pH 值为 12 下，溶液的初始浓度为 $1 \times 10^{-4}\,mol/L$，分别用平均粒径约为 $20\mu m$ 和所制备纳米级黄铁矿粉末进行实验。

不同粒径下 ReO_4^- 的去除率见表 5.8。

表 5.8　不同粒径下 ReO_4^- 的去除率

反应时间/h	100nm ReO_4^- 去除率/%	20μm ReO_4^- 去除率/%
0	0.00	0.00
24	26.74	10.08
48	29.91	10.41
96	36.20	12.84
168	38.98	12.29
264	41.65	20.26

图 5.8 为两种粒径下的黄铁矿与 ReO_4^- 去除率的关系。

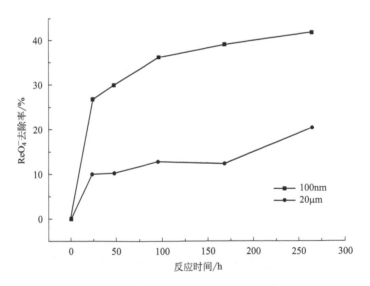

图 5.8　不同粒径下的黄铁矿与 ReO_4^- 去除率关系

3.4.1 部分中计算得到黄铁矿粉末的粒径为 20μm 时比表面积为 0.0612m²/g，而粒径为 100nm 时比表面积为 11.988m²/g，相差近 200 倍。小粒径黄铁矿粉末具有大的比表面积和表面能，相应表面上的反应位更多，从而加速了反应。另一方面，机械活化不仅可以减小黄铁矿的粒径，而且在球磨过程中，其晶格会发生畸变，粒径越小晶格畸变率越高。晶格畸变产生了自由键，从而加大了反应活性。

5.3　纳米级黄铁矿原位固定土壤和水中 Re（Ⅶ）的柱实验研究

批实验中天然黄铁矿在细化到纳米级的粉末后可以有效还原 ReO_4^-，为了考察该反应在动态过程中的实际效果，设计了柱实验模拟实际环境中的还原固定的反应历程，为实际的应用提供更加可靠的理论依据。

天然黄铁矿不同于纳米零价铁，其反应速率慢，反应机理复杂，尤其是把天然黄铁矿作为长期、持续与土壤和地下水中 ReO_4^- 作用对象，需要保证含有很小浓度的 ReO_4^- 溶液缓慢地渗透进入黄铁矿层。因此，在柱子中间的填充材料由所制备的纳米级黄铁矿组成。

5.3.1　实验装置及方法

柱实验装置如图 5.9 所示，柱子由有机玻璃（PMMA）制成，柱内填充实验材料，内径为 1cm，高度为 8cm，柱子上下两端分别装 2cm 的石英砂（密度为 2.65g/cm³，孔隙率为 40%）。在石英砂层与矿粒的界面用滤纸隔开。

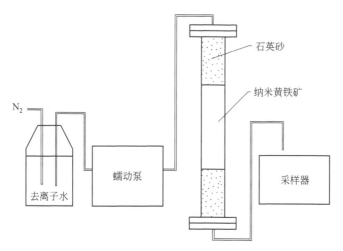

图 5.9　柱实验装置

使用前，将石英砂用 0.1mol/L 的稀盐酸浸泡 10min，随后用去离子水清洗至中性，N_2 保护下干燥。中间填充纳米级黄铁矿或黄土。实验中使用的黄土取自中国辐射防护研究院试验基地（N37°41′，E112°42′），土壤颗粒组成为砂土 78.23%，粉土 20.81%，黏土 0.96%，有机质含量 0.39%。pH＝7.8，阳离子交换量 4.7397mg/100g，土壤密度 1.375g/cm³。系统中持续通入 N_2，通过蠕动泵进行供水或 ReO_4^- 溶液。

5.3.2 实验过程、步骤与结果分析

5.3.2.1 不同初始含量的铼在黄土柱与纳米级天然黄铁矿柱中渗透的对照实验

为了考察纳米级天然黄铁矿在柱实验中对 ReO_4^- 的去除效果，以反映其在实际环境中对 ReO_4^- 的固定作用，本章以黄铁矿和黄土对一定初始含量的 ReO_4^- 溶液进行了对照实验。

具体步骤如下：

① 0.014465g $KReO_4$ 放入 500mL 容量瓶中，用脱氧后的去离子水稀释至刻度，摇匀，得含铼 18.62mg/L 的 $KReO_4$ 溶液，放入超低氧手套箱中待用。

② 将黄土在室内阴凉处自然风干、研碎，过 2mm 的尼龙筛待用。

③ 按照图 5.9 所示实验装置，在石英砂中间分别放入黄铁矿粉末或黄土。装填好柱子后，N_2 保护下采用自上而下的方式用蠕动泵注入脱氧后的去离子水，放置 24h 使固液两相充分浸润。

④ 用蠕动泵把 2.5mL 含铼 18.6mg/L 的溶液泵入柱中，开始缓慢泵入去离子水进行洗脱，保持液面始终高于上层的石英层，使其自然渗透（流速小于 0.5mL/min）。用自动采样仪收集液体，用 ICP 测量其中铼的含量。

⑤ 以黄土替换柱子中的黄铁矿粉末重复以上实验。

纳米级黄铁矿粉末与黄土对 ReO_4^- 还原的对比实验结果列于表 5.9。

表 5.9 纳米级黄铁矿粉末与黄土对 ReO_4^- 还原的对比实验结果

时间/min	纳米级黄铁矿粉末			黄土		
	铼/(mg/L)	铁/(mg/L)	pH 值	铼/(mg/L)	铁/(mg/L)	pH 值
25	1.164	1154	2.82	1.460	413.3	1.95
50	5.356	7993	1.84	12.788	1.45	1.22
75	2.210	361.7	2.87	3.327	0.042	8.20
100	0.099	50.84	2.53	0.027	0.708	7.95
125	0.142	42.29	2.95	0.017	1.08	7.8

时间/min	纳米级黄铁矿粉末			黄土		
	铼/（mg/L）	铁/（mg/L）	pH 值	铼/（mg/L）	铁/（mg/L）	pH 值
150	0.076	45.32	2.92	0.013	0.131	8.03
175	0.024	41.32	2.89	0.010	0.011	7.91
200	0.005	39.87	3.00	0.009	0.008	7.98

图 5.10、图 5.11 分别为淋洗液中 ReO_4^- 浓度和 pH 随时间变化的曲线。

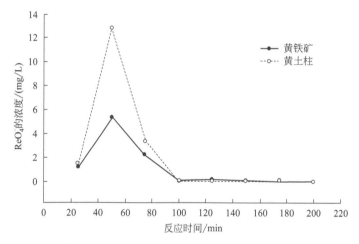

图 5.10　淋洗液中 ReO_4^- 浓度随时间变化的曲线

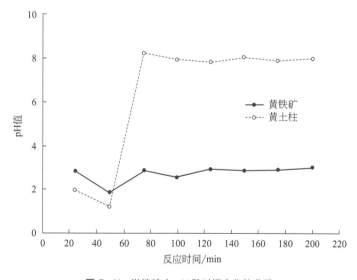

图 5.11　淋洗液中 pH 随时间变化的曲线

根据质量平衡计算表明，黄铁矿柱子对 ReO_4^- 的固定率为 49%，而装填黄土的柱子对 ReO_4^- 的固定率仅为 5%。ReO_4^- 的还原固定与铁离子的形成和 pH 值的变化相一致，表明 ReO_4^- 的还原与黄铁矿的氧化有关。对于黄铁矿柱子而言，反应过程中铁离子的浓度出现峰值达 7993mg/L，铁离子的释放和随后形成的铁的氢氧化物引起了 pH 值的明显变化，降至 2～3。对于黄土柱子而言，在 25min 左右时溶解态的铁离子浓度达到峰值约 400mg/L，在 50min 后就降至 1mg/L 以下，在前 50min 内 pH 为酸性，之后 pH 值升至 8 以上。这表明黄土 ReO_4^- 有限的吸附容量，吸附主要是由于氢氧化铁的形成，在最初阶段引起了 pH 值的降低。

结果表明，球磨的黄铁矿还原固定土壤和地下水中 ReO_4^- 有很大的潜能。例如，可用于渗透反应屏障装置的填充物与放射性废物混合。考虑到黄铁矿时一种常见的自然材料，该研究结果对理解地球化学过程有重要意义，例如在污染物稳定的背景下氧化还原敏感的重金属或放射性核素泄漏到富含黄铁矿层时会得到固定。

5.3.2.2　不同时间内铼在黄土柱与纳米级天然黄铁矿柱中渗透的对照实验

① 前面几个步骤同 5.3.2.1 部分①～③。

② 将含铼 18.62mg/L 的溶液持续泵入柱中，保持液面始终高于上层的石英层，使其自然渗透（流速小于 0.1mL/min）。用自动采样仪收集出口溶液，在设计的时间间隔对出口溶液用 ICP 测量铼的浓度。当测得出口溶液的浓度随着时间延长基本不变时（达到峰值），把 ReO_4^- 溶液换成去离子水，按照相同的流速进行洗脱，直至洗脱液中高铼酸根的浓度降至 0.5μg/mL 以下，停止实验。

③ 以黄土替换柱子中的黄铁矿粉末重复以上实验。

实验结果列于表 5.10。

表 5.10　恒定浓度的 ReO_4^- 在黄土柱与纳米级黄铁矿柱中渗透的结果

时间/min	黄土柱子渗出液中 Re 浓度/(mg/L)	黄铁矿柱子渗出 Re 浓度/(mg/L)
225	0.00	2.37
270	0.00	6.34
315	0.14	9.91
360	2.10	12.21

续表

时间/min	黄土柱子渗出液中 Re 浓度/(mg/L)	黄铁矿柱子渗出 Re 浓度/(mg/L)
405	7.09	13.36
450	17.10	14.18
495	18.91	14.45
540	16.71	15.13
585	18.07	15.92
630	17.59	15.38
675	17.68	15.44
720	16.11	14.67
765	17.20	14.85
810	17.65	14.93
855	18.21	14.87
900	15.95	16.13
945	8.60	15.37
990	3.93	15.07
1035	1.78	13.16
1080	0.71	13.13
1125	0.34	13.97
1170	0.20	11.26
1215	0.10	4.40
1260	0.00	2.64
1305	0.00	2.21
1350	0.00	1.96
1395	0.00	1.72
1440	0.00	1.52
1485	0.00	1.28
1530	0.00	1.05
1575	0.00	0.83
1620	0.00	0.70
1665	0.00	0.60
1710	0.00	0.52
1755	0.00	0.50

由表 5.10 中数据作图 5.12。

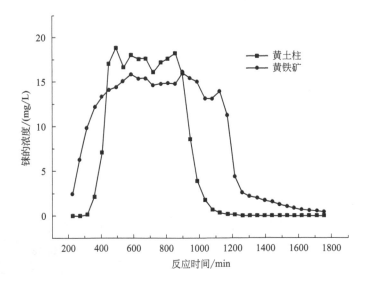

图 5.12　恒定浓度的 ReO_4^- 在黄土柱与纳米级
黄铁矿柱中渗透的结果

在第一种方案下进行的柱实验，得出黄铁矿柱子对黄 ReO_4^- 柱子的去除率达到 49%，为了进一步研究黄铁矿的长期效果，进行了第二种穿透实验。

由图 5.12 可以看出，实验过程中无论是黄铁矿还是黄土，其峰值两侧的曲线呈现对称的形状，没有出现明显的拖尾现象。在 200min 左右时，装填黄铁矿的柱子开始检测到 Re，装填黄土的柱子则在 400min 左右才检测到 Re。这是因为流速和浓度均小于在第 4 章中类似实验中的流速和浓度而导致的。但是从检测到 Re 开始，装填黄铁矿的柱子 Re 的浓度呈缓慢上升的趋势，而装填黄土的柱子则很快达到峰值。表明装填黄铁矿的柱子对铼的阻滞能力较强，并且对 ReO_4^- 起到了一定的固定作用。

柱实验结论表明纳米级黄铁矿可以将 ReO_4^- 的渗出率降低 49%，黄铁矿对高铼酸盐和其他对氧化还原反应敏感的放射性核废物的还原固定具有巨大的潜能。

5.4 纳米级黄铁矿还原固定土壤和水中 Re（Ⅶ）的机理研究

黄铁矿参与反应的机理不同于纳米零价铁的反应机理。尽管组成黄铁矿的铁和硫的化学性质都比较活泼，但是，由于天然黄铁矿具有稳定的晶体结构，要参与反应需要克服巨大的晶格能。因此，黄铁矿的热分解动力学一直是相关研究领域的难题。

本章首先通过参考大量文献、资料，在热力学的范畴对黄铁矿的热力学性质进行了推导，分析研究了实验中的现象和反应的特征；随后，结合实验数据对纳米级黄铁矿还原固定 ReO_4^- 的反应历程和反应级数进行了研究。

5.4.1 黄铁矿的热力学研究

由于天然黄铁矿在反应中除了铁以外还有硫参与反应，而且硫的价态多，氧化还原性质复杂，不再能依据西金森和马歇尔（W. C. E. Higginson and J. W. Marshall）针对过渡金属离子反应提出的半经验规则推导反应式。因此，本章采用热力学数据的推导结合实验现象和结果进行分析纳米级黄铁矿还原固定 ReO_4^- 的反应历程。

5.4.1.1 吉布斯自由能判断反应的方向

根据化学热力学中吉布斯自由能判据，当 $\Delta_r G_m^\ominus < 0$ 时，反应能自发进行；$\Delta_r G_m^\ominus > 0$ 时，反应不能自发进行。根据《兰氏化学手册》可知，黄铁矿与高铼酸根反应相关物质的热力学数据见表 5.11。

表 5.11 黄铁矿与高铼酸根反应相关物质的热力学数据（$T = 298K$）

单位：kJ/g

物质	状态	$\Delta H^\ominus$	$\Delta G^\ominus$	$S_0 \times 10^3$
Fe	g	7.44	6.62	3.22
Fe^{2+}	aq	−21.3	18.85	−32.9
Fe^{3+}	aq	−11.6	−1.1	−75.5
FeO	c	−65.0	−60.1	14.52
Fe_2O_3	c	−197.0	−177.4	20.69
Fe_3O_4	c	−267.3	−242.7	35.0

续表

物质	状态	$\Delta H^{\ominus}$	$\Delta G^{\ominus}$	$S_0 \times 10^3$
$Fe(OH)_2$	c	−136.0	−116.3	21
$Fe(OH)_3$	c	−196.7	−166.5	25.5
FeS_2	矿	−42.6	−39.9	12.65
$FeSO_4$	aq	−238.6	−196.82	−28.1
$FeSO_4,7H_2O$	c	−720.50	−599.70	97.8
$Fe_2(SO_4)_3$	aq	−675.2	−536.1	−136.4
S	g	8.69	7.44	5.24
S_2	g	2.01	1.24	3.56
S^{2-}	aq	7.9	20.5	−3.5
SO_2	liq	−77.194	−71.871	38.7
SO_4^{2-}	aq	−217.32	−117.97	4.8
HS^-	aq	−4.2	2.88	15.0
H_2S	g	−4.82	−7.90	49.18
H_2S	aq	−9.5	−6.66	29
H_2S_2	g	3.71	—	—
H_2SO_3	aq	−145.51	−128.56	55.5
HSO_3^-	aq	−149.67	−126.15	33.4
H_2SO_4	aq	−194.55	−164.93	37.50
K^+	aq	−6.64	−7.43	2.66
K_2SO_3	aq	−272.5	−251.7	42
K_2S_2	aq	−113.4	−116.4	55.8
K_2SO_4	aq	−337.96	−313.37	53.8
$KReO_4$	aq	−248.5	−233.7	72.6
$KTcO_4$	aq	−233.3	−215.6	72.1
ReO_2	c	−101	−88	41
H^+	aq	0	0	0
OH^-	aq	−54.97	−37.59	−2.57
H_2O	liq	−68.315	−56.687	16.71

注：1. aq 表示溶液；

2. liq 表示液态；

3. c 表示晶态；

4. g 表示气态；

5. —表示无数据。

假设黄铁矿中的铁和硫都被氧化到高价态，

$$FeS_2 + KReO_4 \longrightarrow Fe^{3+} + ReO_2 + K_2SO_4 + K^+ \tag{5.1}$$

得失电子平衡后，

$$FeS_2 + 5KReO_4 + 4H^+ = Fe^{3+} + 5ReO_2 + 2K_2SO_4 + K^+ + 2H_2O \tag{5.2}$$

$$\Delta G_m = 138.69 \times 10^3 \, kJ/mol$$

假设黄铁矿中只有比较容易被氧化的对硫氧化为相邻的价态，

$$3FeS_2 + 2KReO_4 + 8H^+ = 3Fe^{2+} + 2ReO_2 + 6S + 2K^+ + 4H_2O \tag{5.3}$$

$$\Delta G_m = 107.78 \times 10^3 \, kJ/mol$$

从以上的热力学推导可以明显看出：

① ReO_4^- 生成 ReO_2 的过程不是自发过程，需要一定的能量才能进行反应，Fe^{2+} 能自发生成 Fe^{3+}。

② 黄铁矿和 $KReO_4$ 反应中，我们选取了两个假设的反应，发现反应的 ΔG_m 都是大于零的，显然反应式（5.3）比反应式（5.2）更容易些，但都不能自发进行。

这是因为，能量越低的物质越稳定，而天然黄铁矿以其近乎完美的结晶形态处于稳定的、能量很低的状态。所以，要想让其参与反应，从热力学的角度就必须得到外界的能量，也就是说机械活化绝不是一般的球磨，在活化过程中能尽可能提高体系的能量，增加黄铁矿的界面能。

5.4.1.2 电极反应和电极电势

黄铁矿与高铼酸根反应的相关氧化还原电对如表 5.12 所列。

表 5.12 黄铁矿与高铼酸根反应的相关氧化还原电对

电极	电极反应	φ^θ / V
$Fe^{3+} \mid Fe^{2+}$	$Fe^{3+} + e^- = Fe^{2+}$	0.771
$Fe^{2+} \mid Fe$	$Fe^{2+} + 2e^- = Fe$	−0.440
$Fe_2O_3 \mid Fe^{2+}$	$Fe_2O_3 + 6H^+ + 2e^- = 2Fe^{2+} + 3H_2O$	1.23
$Fe(OH)_3 \mid Fe^{2+}$	$Fe(OH)_3 + 3H^+ + e^- = Fe^{2+} + 3H_2O$	0.93
$S \mid S^{2-}$	$S + 2e^- = S^{2-}$	−0.43
$S \mid H_2S(aq)$	$S + 2H^+ + 2e^- = H_2S(aq)$	−0.66
$SO_3^{2-} \mid S$	$SO_3^{2-} + 6H^+ + 4e^- = S + 3H_2O$	0.45
$SO_4^{2-} \mid S$	$SO_4^{2-} + 8H^+ + 6e^- = S + 4H_2O$	0.357
$SO_4^{2-} \mid SO_3^{2-}$	$SO_4^{2-} + 2H^+ + 2e^- = SO_3^{2-} + H_2O$	0.14
$ReO_4^- \mid ReO_2$	$ReO_4^- + 4H^+ + 3e^- = ReO_2 + 2H_2O$	0.51

根据电化学的相关原理，电极反应的 Nernst 方程为：

$$\varphi = \varphi^{\ominus} + \frac{RT}{zF} \ln \frac{[O]^{\nu_O}}{[R]^{\nu_R}} \qquad (5.4)$$

式中　[O]——氧化态的浓度；

　　　[R]——还原态的浓度；

　　　　ν_O——氧化电极反应中的计量系数；

　　　　ν_R——还原电极反应中的计量系数；

　　　　z——转移电荷数；

　　　　R——气体常数；

　　　　T——开氏温度；

　　　　F——法拉第常数。

按照 1.0×10^{-5} mol/L 是离子在溶液中不可忽略的浓度原则。当 $[Fe^{3+}] = 1.0 \times 10^{-5}$ mol/L、$[Fe^{2+}] = 1.0$ mol/L 时，把表 5.12 中数据和浓度数据代入式（5.4），可得：

$$\varphi = \varphi^{\ominus} + \frac{RT}{zF} \ln \frac{[O]^{\nu_O}}{[R]^{\nu_R}} = 0.771 + 0.0591 \lg [10^{-5}] = 0.475 (V) \qquad (5.5)$$

通过计算可知，尽管 $\varphi_{Fe^{3+}/Fe^{2+}} > \varphi_{ReO_4^-/ReO_2}$，但是在 $[Fe^{3+}]$ 很小的时候，其实际电极电位是小于 $\varphi_{ReO_4^-/ReO_2}$ 的。另外，$[Fe^{2+}]$ 的大小，决定于有多少离子会从晶体内部扩散到溶液之中，因此，黄铁矿晶体的溶解过程是反应的关键，这和热力学推导是一致的。

5.4.1.3　沉淀溶解平衡计算

根据金属氢氧化物的沉淀溶解平衡原理可知：

$$pH = 14 + \lg \sqrt[n]{\frac{K_{sp}}{[M^{n+}]}} \qquad (5.6)$$

$Fe(OH)_3$ 的沉淀溶解平衡常数：$K_{sp} = 4.0 \times 10^{-38}$；

当 $[Fe^{3+}] = 1.0 \times 10^{-5}$ mol/L 时，可得：pH = 3.20；

当 $[Fe^{3+}] = 1.0$ mol/L 时，可得：pH = 1.53。

也就是说，如果 Fe^{3+} 的浓度达到 1.0 mol/L（56mg/mL）时，溶液 pH 值达到 1.53 就会有 $Fe(OH)_3$ 沉淀生成。并且，溶液 pH 值达到 3.20 时 Fe^{3+} 会以 $Fe(OH)_3$ 沉淀的形式全部沉淀。

$Fe(OH)_2$ 的沉淀溶解平衡常数：$K_{sp}=8.0\times10^{-16}$；

当 $[Fe^{2+}]=1.0\times10^{-5}mol/L$ 时，可得：pH=8.95；

当 $[Fe^{2+}]=1.0mol/L$ 时，可得：pH=6.45。

也就是说，如果 Fe^{2+} 的浓度达到 1.0mol/L（56mg/mL）时，溶液 pH 值达到 6.45 就会有 $Fe(OH)_2$ 沉淀生成。并且，溶液 pH 值达到 8.95 时，Fe^{2+} 会以 $Fe(OH)_2$ 沉淀的形式全部沉淀。

5.4.1.4　利用 GWB 软件对反应的推导

本研究采用当前地球化学工作平台软件（The Geochemist's Work Bench 9.0）对黄铁矿在溶液中的溶解过程、锝的 pH-Eh 图、pH-pe 图等进行了模拟和分析，从热力学方面论证了该反应在实际应用中的可行性。

（1）地球化学工作平台软件介绍

The Geochemist's Work Bench 9.0（简称 GWB）是当前重要的地球化学模拟软件，广泛应用于环境地球化学、油气地球化学以及矿床地球化学等领域。该软件运用计算机模拟众多的复杂地球化学反应过程，通过计算物质各种状态的稳定性和天然水域的平衡状态并绘制计算结果。可以对地球化学的物质形态和反应过程进行深度分析，并且对分析结果以图表直观表现出来。

具体可以完成的工作有：

① 可以用于平衡反应，模拟反应流程，计算水溶液中物质形态的变化。对这些计算结果绘图，并存储相关数据。

② 用于一维和二维建模，以及绘制模拟结果。

③ 自动平衡化学反应，计算平衡常数和方程，并解决了在该反应中的温度平衡等。

④ 可以使用程序计算反应的路径，以及计算在水溶液中物种分布和矿物饱和度、气体逸度等。

（2）采用 GWB 软件对高锝酸根的存在形态和黄铁矿还原固定 TcO_4^- 的反应热力学进行分析

参照实验中黄铁矿与 ReO_4^- 的反应条件，模拟分析 TcO_4^- 在同样条件下的反应，软件中设置条件为：温度为 25℃，压强为标准大气压（1.01325×10^5Pa），pH 值为 6.0，TcO_4^- 浓度为 10^{-4}。

得到如下结果：

1）黄铁矿在水中的反应

Pyrite

$$Pyrite+H2O+3.5O2(aq)=Fe+++2SO^-4+2H+ \qquad (5.7)$$

lg K's：

0℃：	239. 6776	150℃：	140. 5980
25℃：	217. 4000	200℃：	119. 4936
60℃：	190. 9581	250℃：	101. 1291
100℃：	166. 0899	300℃：	84. 3923

Polynomial fit：

lg K＝239. 7－. 9517×T＋. 002644×T^2－5. 354e－6×T^3＋4. 55e－9×T^4

lg K at 25℃＝217. 4000

Assumptions implicit in equilibrium equation：

temperature	＝25℃
gamma for　Fe＋＋	＝10^－. 6448　（I＝1molal）
activity of H2O	＝10^－. 01442　（SI＝1molal）
gamma for　SO4－－	＝10^－. 8395　（I＝1molal）
gamma for　H＋	＝10^－. 08776　（I＝1molal）
gamma for　O2（aq）	＝10^. 1038　（I＝1molal）

Equilibrium equation：

$$220. 2 =lg\ m[Fe++]+2\times lg\ m[SO4--]+2\times lg\ m[H+]$$
$$-3. 5\times lg\ m[O2(aq)]$$

Equilibrium equation：

Products are favored，delta G ＝－1324kJ/mol

2）物理量的分析结果

Temperature	＝25. 0℃
Pressure	＝1. 013 bars
C(TcO4-)	＝10－4mol/L
pH	＝6. 000
log fO2	＝－0. 100
Eh	＝0. 8726 volts
pe	＝14. 7506
Ionic strength	＝0. 003768

Charge imbalance	$=-0.001913\mathrm{eq/kg}(-46.32\%)$
Activity of water	$=1.000000$
Solvent mass	$=1.000000\ \mathrm{kg}$
Solution mass	$=1.000385\ \mathrm{kg}$
Solution density	$=1.013\ \mathrm{g/cm3}$
Dissolved solids	$=385\ \mathrm{mg/kg\ sol'n}$
Elect. conductivity	$=159.43\ \mathrm{uS/cm(or\ umho/cm)}$
Hardness	$=0.00\mathrm{mg/kg\ sol'n\ as\ CaCO3}$
carbonate	$=0.00\mathrm{mg/kg\ sol'n\ as\ CaCO3}$
non-carbonate	$=0.00\mathrm{mg/kg\ sol'n\ as\ CaCO3}$
Rock mass	$=0.001200\mathrm{kg}$
Carbonate alkalinity	$=15.76\mathrm{mg/kg\ sol'n\ as\ CaCO3}$
Water type	$=\mathrm{Fe(OH)2\text{-}SO4}$

3）黄铁矿和高锝酸根的氧化还原电对的电位值（Eh）和电子活度（pe）值的分析结果

如表 5.13 所列。

表 5.13　GWB 软件分析的黄铁矿和高锝酸根的氧化还原电位表

能斯特氧化还原对	电位值（Eh）/V	电子活度（pe）
$e-+Fe+++=Fe++$	1.1195	18.9251
$2*e-+2*H+=H_2(aq)$	-0.3583	-6.0563
$8*e-+9*H++SO_4--=4*H_2O+HS-$	-0.1439	-2.4322
$4*e-+8*H++TcO_4-=4*H_2O+Tc+++$	-0.1393	-2.3541
$3*e-+6*H++TcO_4-=3*H_2O+TcO++$	0.5122	8.6587
$e-+TcO4-=TcO_4--$	-0.6062	-10.2476
$2*e-+TcO4-=TcO_4---$	-0.5936	-10.0354
$e-+2*H++TcO++=H_2O+Tc+++$	-0.9753	-16.4863
$3*e-+8*H++TcO_4--=4*H_2O+Tc+++$	0.0164	0.2770
$2*e-+8*H++TcO_4---=4*H_2O+Tc+++$	0.3151	5.3272
$e-+TcO_4--=TcO_4---$	-0.5811	-9.8232

从以上结果可以看到，该反应 $\Delta G=-1324\mathrm{kJ/mol}$，$\lg K$（25℃）$=217.4000$，表明反应很容易进行而且反应彻底。从化学式可以证实硫先被氧化为 SO_4^{2-}，Fe^{2+} 从晶格中溶解出来，过程中生成 H^+，体系 pH 值减小，与实验中黄铁矿在水中的 pH 值变化一致。

4）GWB 软件分析的 pH-Eh 图、pH-pe 图（图 5.13～图 5.16）

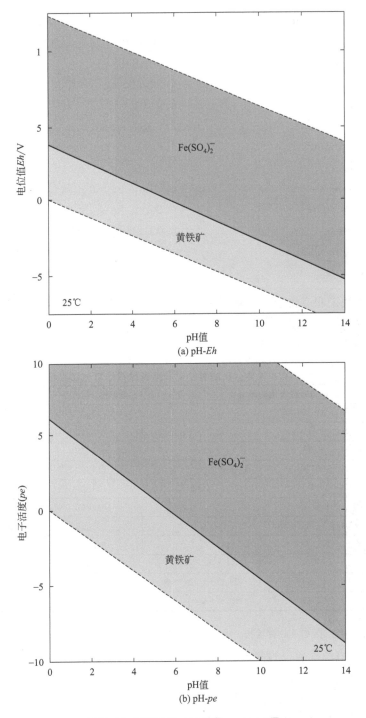

图 5.13　黄铁矿的 pH-Eh 图、pH-pe 图

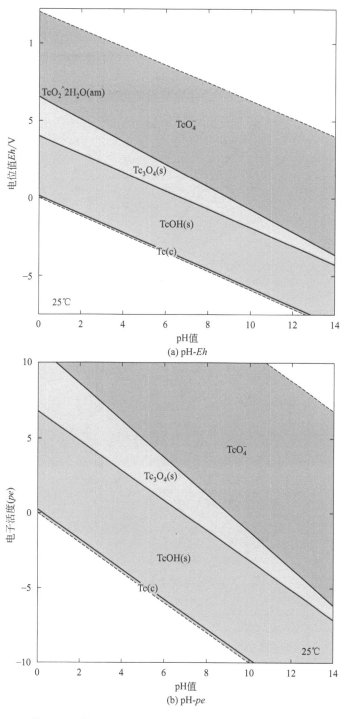

图 5.14　锝的 pH-Eh 图、 pH-pe 图 （ 浓度为 10^{-4} mol/L ）

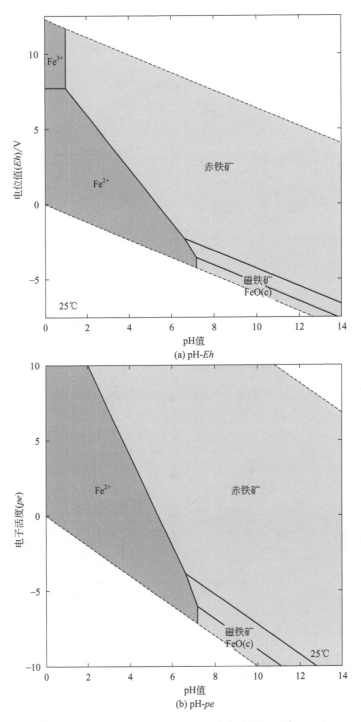

(a) pH-*Eh*

(b) pH-*pe*

图 5.15　铁的 pH-Eh 图、 pH-pe 图（ Fe^{2+} 浓度为 10^{-3}mol/L ）

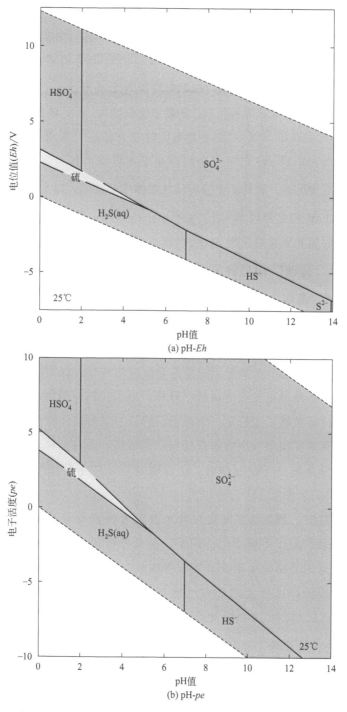

(a) pH-*Eh*

(b) pH-*pe*

图 5.16　硫的 pH-Eh 图、 pH-pe 图 （ SO_4^{2-} 浓度为 10^{-3} mol/L ）

从表5.13和图5.14中可得，Tc（Ⅶ）被还原为Tc（Ⅳ）的 Eh 值为0.5122，而Fe和S电对的 Eh 值分别为1.1195和－0.1439。通过前面的计算和铁的图5.15可知在pH值为6.0、电位在0.5122的条件下，Fe^{3+} 全部以氢氧化物沉淀存在。从黄铁矿的图5.13中可以看出，当 SO_4^{2-} 活度为1.0时，只存在黄铁矿和硫酸亚铁两种物质，随着pH值增大，Eh 和 pe 值减小。从铁的图5.15中可以看出，当 H^+ 的浓度很大时才会有 Fe^{3+} 生成。从硫的图5.16中可以看出，在不同pH值下，硫的存在形态复杂，其主要形态为 SO_4^{2-}、H_2S、HS^- 三种形态，黄铁矿中的对硫从晶体中断键后，以 S^{2-} 的形式溶解到水中与氢离子结合或最终被氧化为 SO_4^{2-}，因此，Tc（Ⅶ）易于被还原为Tc（Ⅳ），同时硫元素被氧化为 SO_4^{2-} 的形式。

5.4.2 黄铁矿和高铼酸根的反应历程研究

5.4.2.1 反应历程的推导

卢龙等提出了一种在黄铁矿表面不容忽视的现象——非氧化溶解，即黄铁矿在酸性溶液中有利于促进以表面溶解为主的自溶解。而Thomas等的研究认为，铁硫化物的矿物溶解需要阴极势推动反应的进行。在不施加阴极势的条件下，磁黄铁矿是可以发生溶解的。但是，由于黄铁矿晶体结构中对硫的存在，其明显比磁黄铁矿更稳定，更难于溶解。卢龙等的实验证实了在低温弱酸性条件下黄铁矿很难发生溶解或反应非常缓慢，而在酸性较强时黄铁矿不需要其他外界条件是可以溶解的。这说明黄铁矿的溶解依赖于外界条件的改变。

在本研究中，当黄铁矿细化到纳米级粉末后表面原子占到总原子数的50％左右。表面原子不同于内部原子，其处于两相界面，具有较高的界面能，界面附近的晶格发生畸变、错位等改变。而且，在机械活化过程中高速、高温传递给晶体巨大的能量使得活性增强，Fe^{2+} 易于迁移到两相界面。从表5.11、表5.13的热力学数据可知，表面的 Fe^{2+} 更易失去电子形成 Fe^{3+}。在无氧环境下，纳米微粒放到水中，溶液pH值迅速下降到3左右。

假定溶解历程为在晶格畸变过程中，Fe^{2+} 从晶格内扩散到晶体表面，与 OH^- 结合生成 $FeOH^+$，由于 $Fe(OH)_2$ 的 K_{sp} 为 8×10^{-16}，在 pH＝

6.45 时就可以生成，黄铁矿表面形成多硫少铁层，对硫自然脱离晶体表面，生成 S^{2-} 和 S，溶液酸度增大，S^{2-} 和 S 的被氧化为 SO_4^{2-} 是整个过程的决速步骤，SO_4^{2-} 的形成会引发 FeS_2 的继续溶解，反应由多个反应耦合形成。总反应为：

$$FeS_2 + 8H_2O \xrightarrow{\text{氧化剂}} Fe^{2+} + 2HSO_4^- + 14H^+ \tag{5.8}$$

$$FeS_2 + 8H_2O \xrightarrow{\text{氧化剂}} Fe^{2+} + 2SO_4^{2-} + 16H^+ \tag{5.9}$$

表面溶解必先经历对硫 $S_2^{2-} \longrightarrow S^{2-}$ 的还原过程，即

$$FeS_2 + 2H^+ + 2e^- \longrightarrow FeS + H_2S(aq) \tag{5.10}$$

这个过程中的关键是要有供电子体存在，Fe^{2+} 的电子逸出，及其脱离晶格能的束缚为这个过程提供了可能，$Fe(OH)_3$ 的 K_{sp} 为 4.0×10^{-38}，计算可得在 pH 值为 1.53 时即可生成沉淀，使得 Fe^{2+} 更易被氧化为 $Fe(OH)_3$，尤其是在高表面能的作用下 Fe^{2+} 的核外电子轨道发生 dsp^3 杂化，杂化后的轨道能量相同，原来外层 8 个电子优先排入 3d 轨道，外层电子呈现 $3d^8$ 的结构，容易失去电子形成 $3d^5$ 的结构，使反应易于进行。

铁的杂化轨道能级如图 5.17 所示。

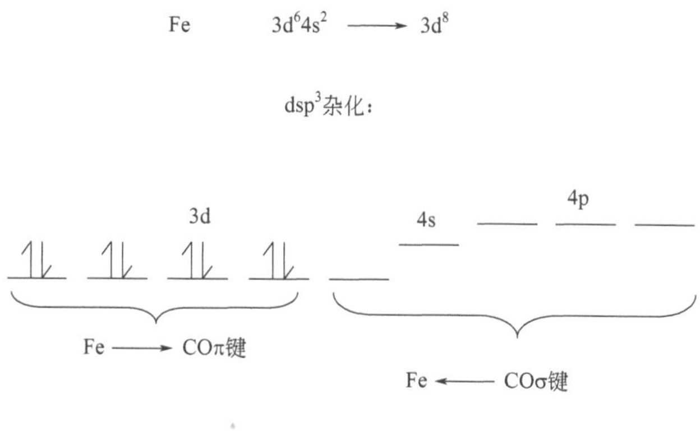

图 5.17 铁的杂化轨道能级图

从化学热力学的化学平衡方面分析，FeS_2 分子对氧化物的需要量并不高，但是在前面的计算过程可以看到对于黄铁矿晶体来说，需要很高的能量来克服它的晶格能。在 5.2.2.2 部分的实验中，溶液中添加纳米级黄铁矿粉末后反应体系的 pH 值下降，反应方程式为：

$$FeS_2 + 14Fe^{3+} + 8H_2O \longrightarrow 15Fe^{2+} + 2SO_4^{2-} + 16H^+ \tag{5.11}$$

根据热力学数据表计算可得：$\Delta_r G_m^\ominus = -13.781 \text{kJ/mol} < 0$

由式(5.11)可以看出，黄铁矿在溶解后发生 $\Delta_r G_m^\ominus < 0$ 的自发变化过程，导致了反应体系 pH 值的下降。热力学分析主要是因为黄铁矿中 Fe^{2+} 的逸出以及 FeOOH 的生成，黄铁矿表面离子最终转变成 FeOOH 和 SO_4^{2-}。并且在黄铁矿表面的 Fe^{2+} 浓度要比溶液中的高出几个数量级，处于固体表面的还原物质浓度足够大时能够还原 ReO_4^- 为 Re（Ⅳ）。在无氧的弱酸性条件下，驱动反应的自由能降低，反应开始减慢，与实验结果一致。在碱性条件下，OH^- 的存在会迅速引发 Fe^{2+} 向晶体表面的迁移，本研究中 pH 值下降到 2.7 证实了这一点，图 5.3 表明 pH 值为 2.7、3.5 和 6.6 时还原固定效果并不理想；pH 为碱性（pH=9 或 12）时，还原固定效果相对较好，当初始 pH 值为 12 在 264h 内铼的去除率达到 42%，比酸性和中性体系下的去除率高 1 倍。

综合以上分析，得出黄铁矿与 ReO_4^- 的反应历程如图 5.18 所示。

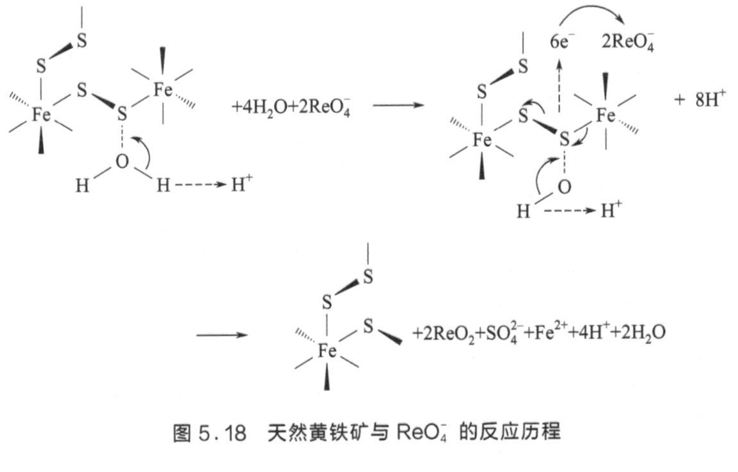

图 5.18　天然黄铁矿与 ReO_4^- 的反应历程

本研究中利用 X 射线光电子能谱仪（XPS）对初始 pH 值为 12 条件下黄铁矿与 ReO_4^- 反应后的固体产物进行表征，分析条件为：X 射线源，单色化 Al 靶，Al K$\alpha h\upsilon = 1486.6$eV。样品分析区域：$700\mu m \times 300\mu m$。X 射线工作功率：150W。反应后黄铁矿表面产物的 XPS 谱图如图 5.19 所示。

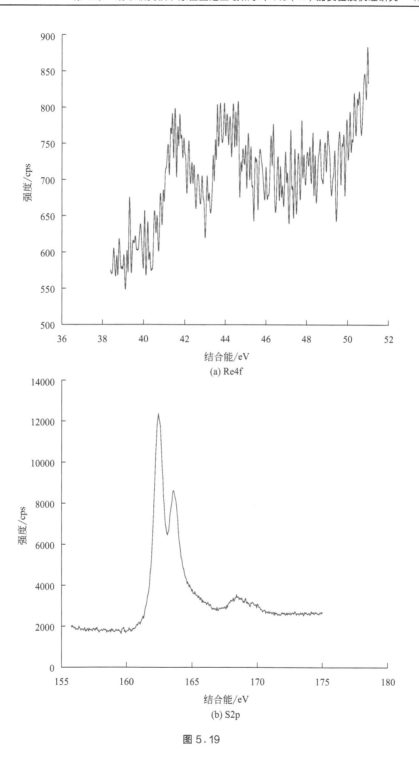

(a) Re4f

(b) S2p

图 5.19

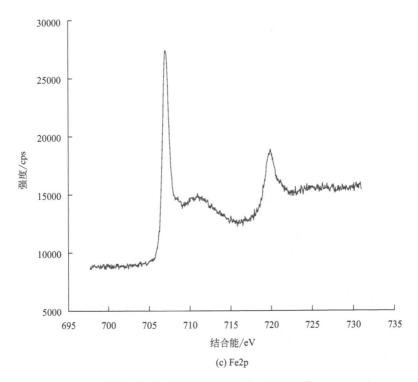

(c) Fe2p

图 5.19　反应后黄铁矿表面产物的 XPS 谱图

图 5.19（a）为 Re 的 4f 谱图，由于 Re 含量极低，在结合能分别为 42.30eV 和 43.60eV 处出现较弱峰，对应以 ReO_2 形式存在的 Re^{4+}，没有出现明显的其他化合价形式的 Re，表明产物中 Re 的主要存在形式为沉淀状态的四价化合物，可以实现对 Re 原位固定的目标；

图 5.19（b）为 S 的 2p 谱图，结合能为 168.60eV 峰对应以 $Fe_2(SO_4)_3$ 或 $FeSO_4$ 形式存在的 S^{6+}，162.40eV 峰对应以 FeS_2 形式存在的 S_2^{2-}，表明在产物的沉淀中，除反应物以外，硫的主要存在形式为硫酸盐；

图 5.19（c）为 Fe 的 2p 谱图，706.80eV 峰对应于 FeS_2 中的 Fe^{2+}，在 711.00eV 峰处对应 FeO(OH) 中的 Fe^{3+}。反应后黄铁矿表面的 XPS 分析表明，产物中除了有大量 FeS_2 外，还包括 ReO_2、FeOOH、$Fe_2(SO_4)_3$、$FeSO_4$ 等。

根据检测数据，对反应机理分析如下：纳米级黄铁矿在水中的溶剂化作用下，Fe 的电子自由移动到电负性较大的 S 原子周围，使得 S 的电子云形状改变。H_2O 中 O 原子的电负性大，与 S 形成弱结合。Fe^{2+} 会以静电力吸附溶液中的 ReO_4^-，使得黄铁矿微粒处于 ReO_4^- 形成的"离子氛"中，黄铁矿表面的 Fe^{2+} 中 dsp^3 杂化轨道电子转移给 ReO_4^-。经多步反应 ReO_4^- 被还原为 ReO_2，Fe 形成 $3d^5$ 的半充满的结构，即 Fe^{3+}。黄铁矿中处于阴极位、带较高正电荷的 Fe^{3+} 从离它很近、处于阳极位、带负电的 S_2^{2-} 处得到电子又还原为 Fe^{2+}，阳极向阴极的电子移动引发了硫的氧化。ReO_4^- 的还原产物 ReO_2 吸附、沉淀在黄铁矿粉末中。根据 Wooyong 等的研究，Fe^{2+} 与 Re（Ⅳ）具有相似的离子半径 ［Fe^{2+} 0.061nm，Re（Ⅳ）为 0.063nm］，在反应过程中 Re（Ⅳ）可以替换 Fe^{2+} 处于黄铁矿晶格之内，使铼得到了更好的固定，阻止其在有氧情况下氧化溶解于地下水中。

研究结果表明在 pH 值为 3.5 和 2.7 体系下反应速率相差不大，这与 Chandra 等研究指出在弱酸性条件下，pH 值对黄铁矿的氧化速率影响较小相一致。在 pH 值为 6.45 时 Fe^{2+} 的氢氧化物就会沉淀下来，形成铁的羟基络合物，能够吸附 ReO_4^-，对黄铁矿的氧化速率有显著的影响。反应体系初始 pH 值为 6.5 时，随着反应的进行，体系 pH 值显著降低，几乎无 FeOOH 形成，与酸性条件下机理相似，去除率只有 20% 左右。

在碱性条件下有大量 FeOOH 的形成，可以通过黄铁矿与溶液混合后 pH 值降低说明，因此 ReO_4^- 的去除率更高。对照图 5.7 可知，在反应的前 12h 内的反应速率较快，12h 后的反应速率减缓。这种现象主要是有以下两方面原因引起：一方面，反应最初阶段除了氧化还原反应还有吸附反应，12h 后吸附达到饱和，ReO_4^- 的去除的主要依靠氧化还原反应；另一方面，表面附着的 FeOOH 及还原产物 Re（Ⅳ）又会覆盖黄铁矿表面的反应位，反应通道受阻，反应速率降低。初始 pH 值为 12 条件下形成 FeOOH 的量多于初始 pH 值为 9 时形成的量，因此效果较好。理论推导能够很好地验证实验数据的规律。

5.4.2.2　反应级数的拟合

应用尝试法进行反应级数分析，现将表 5.7 中数据转换为 $\ln(c_0/c)$、$1/(c_0-c)$、$1/(c_0-c)^2$ 并且与反应时间 t 进行线性拟合（c_0 表示 ReO_4^- 的初始浓度，c 表示 t 时刻下 ReO_4^- 的浓度）。如图 5.20 所示。

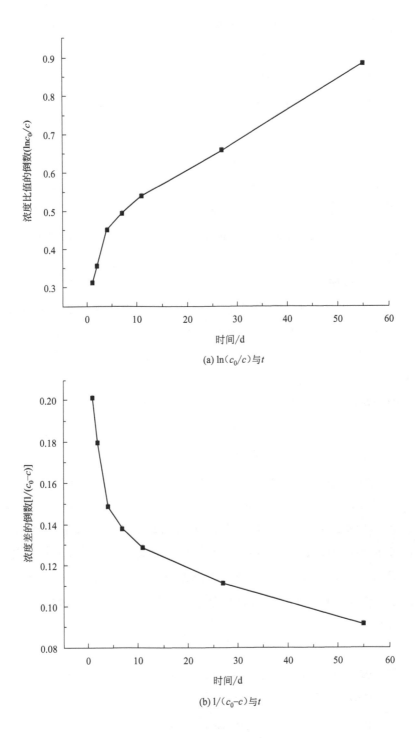

(a) $\ln(c_0/c)$ 与 t

(b) $1/(c_0-c)$ 与 t

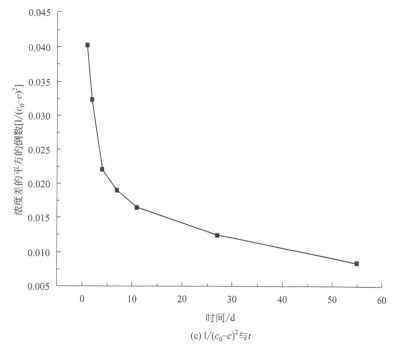

(c) $1/(c_0-c)^2$ 与 t

图 5.20　ReO_4^- 浓度与 t 的关系拟合图

从图 5.20 可以看出，黄铁矿还原高铼酸根的反应不是简单的一、二、三级反应，黄铁矿由于自身的晶体结构和其特殊的对硫结构，决定了它对 ReO_4^-吸附和还原的复杂性。结合实验结果分析，吸附和还原的影响因素主要包括：

①pH 值在 2.0～6.0 的范围内，吸附剂的所带电荷影响明显。

②pH 在强碱性范围内，有氢氧化物等沉淀产生，促使吸附量增加。其反应级数的确定应以复杂反应来分析。

综上所述，黄铁矿对 ReO_4^- 的吸附机理在低 pH 值条件下受带电电荷的影响，主要作用为静电引力下的表面反应；高 pH 值条件下反应初始速率较快，随着沉淀的生成黄铁矿微粒表面被覆盖，反应减缓，然后主要作用体现为化学沉淀等。

5.5　本章小结

本章将机械活化法制备的纳米级黄铁矿微粒应用于水体中的高铼酸根的原

位还原固定的批实验和柱实验研究，主要讨论了固液比、初始 pH 值和黄铁矿粒径等对 ReO_4^- 还原固定效果的影响，并对黄铁矿原位还原固定高铼酸根的机理进行了探讨。

主要得到如下结论：

① 天然黄铁矿细化到纳米级后，晶体表面晶格畸变、活性位点增多，在与 ReO_4^- 的反应中具有大的比表面积和高的晶格畸变率，发挥吸附和还原降解的作用，吸附在纳米级黄铁矿微粒表面的 ReO_4^- 分子到达表面与其发生反应。还原固定效果显著增强。

② 研究表明，黄铁矿还原固定水中 ReO_4^- 的固液比对反应的影响规律为反应效果会随着黄铁矿用量的增大而增大。但是黄铁矿过量到一定程度时，还原固定效果变化不再明显，因此，从处理效果、经济效益和环境保护综合考虑，固液比以 $1:10(g/mL)$ 最佳。

③ 不同于通常在酸性条件下氧化还原有利的规律，在 pH＝12 时 ReO_4^- 还原固定效果优于弱酸性或中性条件下的效果，55d 后去除率达到 58.75%。通过 XPS 表征还原产物主要为 ReO_2。

④ 通过柱实验，黄铁矿作为渗透性反应的屏障，以黄土为参比，表明纳米级天然黄铁矿可以将 ReO_4^- 的渗出率降低 49%，说明纳米级天然黄铁矿可以还原固定 TcO_4^-，和其他对氧化还原反应敏感的重金属及放射性核废物的还原材料具有巨大的潜能。

⑤ 研究表明，纳米级黄铁矿微粒表面的 Fe^{2+} 溶解是引发反应开始的关键，但 SO_4^{2-} 的生成是控制该反应速率的最主要步骤，得到了纳米级黄铁矿与 TcO_4^- 的反应路径。

⑥ 目前，国内外的研究认为，在中性条件下天然黄铁矿表面的溶解过程必须是阴极势的。研究得出，天然黄铁矿的晶格能为 5193.14kJ/mol，铁离子和对硫不管以何种形态进入溶液，都要克服巨大的晶格能，低浓度的 ReO_4^- 不可能提供如此大的能量去反应。有意义的是，本章通过实验证实和理论推导，发现了黄铁矿的微粒经机械活化细化到纳米级以后，表面经过活化，在常温和无氧的条件下其表面溶解是不需要阴极势的外界条件的。这也就是天然黄铁矿制备纳米级粉末的意义所在。

参 考 文 献

[1] J. A. 迪安. 兰氏化学手册 [M]. 北京：科学出版社，2003.

[2] 曹锡章，宋天佑，王杏乔. 无机化学（3 版）[M]. 北京：高等教育出版社，1994.

[3] 卢龙，王汝成，薛纪越. 黄铁矿表面次生色：氧化程度的标志，矿物学报，2002，22（3）：211-215.

[4] 卢龙，薛纪越，陈繁荣，等. 黄铁矿表面溶解——不容忽视的研究领域 [J]. 岩石矿物学杂志，2005，24（6）：666-670.

[5] Thomas J E, et al. A mechanism to explain sudden changes in rates and prducts for pyrrhotite dissolut ion in acid solution [J]. Geochim. Coschim. Acta，2001，65（1）：1-12.

[6] 孙小俊，李建华. 黄铁矿在酸性体系下的电化学研究 [J]. 金属矿山，2011，9：72-75.

[7] Ding Q W，Ding F，Qian T W. Reductive Immobilization of Rhenium in Soil and Groundwater Using Pyrite Nanoparticles [J]. Water Air Soil Pollut，2015，226：409-509.

[8] 丁峰，钱天伟，丁庆伟. 不同 pH 下纳米级天然黄铁矿对水中 ReO_4^- 的去除规律 [J]. 环境工程学报，2016，10（1）：55-59.

[9] 王莉霄，钱天伟，丁庆伟. 黄铁矿还原固定水中的高铼酸根 [J]. 环境工程学报，2015，9：627-632.

[10] 崔晋艳，钱天伟，丁庆伟. 纳米级天然黄铁矿去除水中 Cr^{6+}，Cd^{2+} 和 Pb^{2+} [J]. 环境工程学报，2016，10（12）：7103-7108.

第6章

结论与趋势分析

6.1　结论

本书阐述了通过实验室液相还原法制备纳米零价铁微粒和机械活化法制备了纳米级天然黄铁矿的方法，给出了利用紫外分光光度计（UV-Vis）、扫描电子显微镜（SEM）、激光粒度分析仪（LPSA）、X 射线粉末衍射仪（XRD）、激光粒度分析仪（LPSA）、X 射线能谱仪（EDS）、X 射线光电子能谱分析（XPS）、高分辨透射电子显微镜（HRTEM）等进行全面表征的结果，得到了具有实用性的稳定纳米零价铁和纳米级黄铁矿。

书中采用纳米材料原位还原固定的方法，利用非放射性的铼替代锝，以批实验、柱实验的手段对土壤和水中 Re 的固定方法和固定效果进行了研究，计算出在不同 ReO_4^- 初始浓度、不同反应时间、不同粒径和不同酸碱条件下对 ReO_4^- 的去除率；以化学热力学、化学动力学和地球化学模拟软件等对反应机理进行了研究。从元素性质、实验结果、反应机理以及氧化还原电位等方面进行了论证，并利用理论和计算机模拟分析了对 Tc 的还原固定效果。确定了对 Re 还原固定的研究结果对高放核废物中 Tc 的还原固定具有重要的理论意义和实用价值。

具体结论如下。

6.1.1　纳米零价铁的制备及其还原固定 ReO_4^- 的结论

① 选择了无毒无害、简单易得的淀粉和乙醇作为修饰剂和分散介质，经过多次实验确定了淀粉浓度为 0.7%、乙醇与水比例为 4∶1 时，制备得到的纳米零价铁比表面积大，反应活性强，分散性和稳定性好，适于对土壤和水中 ReO_4^- 的原位还原固定研究。

② 通过纳米零价铁和高铼酸根的实验结果和反应机理分析得出，稳定的纳米零价铁对 ReO_4^- 的还原反应十分迅速，在常温常压、中性条件下反应 12h，对不同浓度 ReO_4^- 的还原固定效率可达 95% 以上，7d 的去除率均在 99% 以上。柱实验显示去除率在 99%，能很好地阻挡 ReO_4^- 的迁移。

③ 通过实验数据计算反应活化能（E_a）为 $5.13kJ/mol$。反应标准吉布斯自由能（$\Delta_r G_m^\ominus$）为 $-158.33kJ/mol$、标准平衡常数（$K^\ominus$）为 5.70×10^{27}。

理论推导纳米零价铁与 TcO_4^- 的反应 $\Delta_r G_m^\ominus$ 为 $-224.33kJ/mol$、$K^\ominus$ 为 2.10×10^{39}。表明纳米零价铁还原铼和锝可以自发地进行反应，而且反应程度彻底，在自然环境中不可逆。

④ 反应基本符合一级反应动力学。在 ReO_4^- 浓度为 $5mg/L$ 时动力学的反应级数向小于 1 的方向偏离；在 ReO_4^- 浓度大于 $10mg/L$ 时动力学的反应级数向大于 1 的方向偏离。

⑤ 纳米零价铁在突发事件中应急快速处理高放核废物 Tc(Ⅶ) 具有潜在的实用价值，可有效阻止 Tc(Ⅶ) 进入生态环境。

6.1.2　纳米级黄铁矿的制备及其还原固定 ReO_4^- 的结论

① 在乙醇介质中湿法制备有效克服了磨制过程中打实粘壁现象，并使黄铁矿晶体表面晶格畸变、活性位点增多，提高了黄铁矿的比表面积和反应活性，平均粒径为 $100nm$。其还原固定效果显著增强。

② 体系初始 pH 值为 12 时，在还原和吸附的共同作用下还原固定效果较好，在相对较短的时间内（11d），铼的去除率可以达 42%，55d 后达到 58.75%。利用 XPS 对产物进行表征，证明 ReO_4^- 还原产物为不随水迁移的 ReO_2。

③ 通过计算得到天然黄铁矿的晶格能为 $5193.14kJ/mol$，研究过程中发现了天然黄铁矿粒径达到纳米级后在常温的无氧的水溶液中会发生自溶解的过程，硫酸根（SO_4^{2-}）的生成是决定反应速率的步骤，铁离子与 OH^- 以不同方式的结合使得还原和吸附过程相互促进，最终导致了对 ReO_4^- 较好的固定效果。

④ 理论推导和地球化学软件（GWB）分析得出，TcO_4^- 在该还原固定反应中与 ReO_4^- 具有同样的反应规律。

⑤ 纳米级天然黄铁矿可用作深地层高放废物 Tc(Ⅶ) 处置的屏障材料，在自然环境下能够长期有效地还原固定高铼酸根。对半衰期很长的高放废物 Tc(Ⅶ) 的地质处置具有重要的理论意义和实用价值。

6.2　创新点和不足

① 利用淀粉修饰合成了的稳定的纳米零价铁，并将其应用于 ReO_4^- 的原

位还原固定研究，处理效果良好。为放射性废物突发事故的应急处置提供了思路和方法。理论上该纳米材料对所有的超铀元素都会有类似的效果。

② 本书提出并研究了以纳米级天然黄铁矿还原固定铼的方法。该方法重要的是可以为高放废物中 $Tc(VII)$ 的地质处置提供理论和实验依据。

③ 本书分析总结了纳米级天然黄铁矿与 ReO_4^- 的反应机理，得出了该反应的反应路径。

本书中的研究内容在今后还需进一步论证反应的机理，在野外实际环境中的试验和应用，为核废物的安全处置和重金属的原位固定技术提供更真实、确切的理论和应用依据。

6.3　展望与趋势分析

本书在参考了大量相关文献资料的基础上设计并实施了实验过程和数学计算、模拟；应用了当前先进的分析测试仪器对实验结果进行了表征和检测；在化学热力学和动力学的基本原理的指导下对实验结果进行了分析；展示了利用纳米零价铁和纳米级黄铁矿对铼的原位还原固定反应和机理进行研究的成果。表明纳米零价铁的原位还原固定反应有效、迅速、彻底，可作为对铼污染物的应急处理；而天然黄铁矿以其较高的化学稳定性和相对缓慢、有效的还原能力可作为铼污染物长期屏障的材料。结论可以为实际核废物应急处理和长期屏障以及重金属的污染防治提供理论依据。

但今后的研究还需进一步论证反应的机理，为不同的实际环境中的应用提供更加详实的论据；同时实现在野外实际环境中的试验和应用，为核废物的安全处置提供更真实、确切的技术依据。

附录

本书相关的常用数据表

附录 1　国际原子量表

原子序数	名称	符号	原子量	原子序数	名称	符号	原子量
1	氢	H	1.0079	31	镓	Ga	69.72
2	氦	He	4.00260	32	锗	Ge	72.59
3	锂	Li	6.941	33	砷	As	74.9216
4	铍	Be	9.01218	34	硒	Se	78.96
5	硼	B	10.81	35	溴	Br	79.904
6	碳	C	12.011	36	氪	Kr	83.80
7	氮	N	14.0067	37	铷	Rb	85.4678
8	氧	O	15.9994	38	锶	Sr	87.62
9	氟	F	18.99840	39	钇	Y	88.9059
10	氖	Ne	20.179	40	锆	Zr	91.22
11	钠	Na	22.98977	41	铌	Nb	92.9064
12	镁	Mg	24.305	42	钼	Mo	95.94
13	铝	Al	26.98154	43	锝	Tc	[97][99]
14	硅	Si	28.0855	44	钌	Ru	101.07
15	磷	P	30.97376	45	铑	Rh	102.9055
16	硫	S	32.06	46	钯	Pd	106.4
17	氯	Cl	35.453	47	银	Ag	107.868
18	氩	Ar	39.948	48	镉	Cd	112.41
19	钾	K	39.098	49	铟	In	114.82
20	钙	Ca	40.08	50	锡	Sn	118.69
21	钪	Sc	44.9559	51	锑	Sb	121.75
22	钛	Ti	47.90	52	碲	Te	127.60
23	钒	V	50.9415	53	碘	I	126.9045
24	铬	Cr	51.996	54	氙	Xe	131.30
25	锰	Mn	54.9380	55	铯	Cs	132.9054
26	铁	Fe	55.847	56	钡	Ba	137.33
27	钴	Co	58.9332	57	镧	La	138.9055
28	镍	Ni	58.70	58	铈	Ce	140.12
29	铜	Cu	63.546	59	镨	Pr	140.9077
30	锌	Zn	65.38	60	钕	Nd	144.24

续表

原子序数	名称	符号	原子量	原子序数	名称	符号	原子量
61	钷	Pm	[145]	85	砹	At	[210]
62	钐	Sm	150.4	86	氡	Rn	[222]
63	铕	Eu	151.96	87	钫	Fr	[223]
64	钆	Gd	157.25	88	镭	Ra	226.0254
65	铽	Tb	158.9254	89	锕	Ac	227.0278
66	镝	Dy	162.50	90	钍	Th	232.0381
67	钬	Ho	164.9304	91	镤	Pa	231.0359
68	铒	Er	167.26	92	铀	U	238.029
69	铥	Tm	168.9342	93	镎	Np	237.0482
70	镱	Yb	173.04	94	钚	Pu	[239][244]
71	镥	Lu	174.967	95	镅	Am	[243]
72	铪	Hf	178.49	96	锔	Cm	[247]
73	钽	Ta	180.9479	97	锫	Bk	[247]
74	钨	W	183.85	98	锎	Cf	[251]
75	铼	Re	186.207	99	锿	Es	[254]
76	锇	Os	190.2	100	镄	Fm	[257]
77	铱	Ir	192.22	101	钔	Md	[258]
78	铂	Pt	195.09	102	锘	No	[259]
79	金	Au	196.9665	103	铹	Lr	[260]
80	汞	Hg	200.59	104		Unq	[261]
81	铊	Tl	204.37	105		Unp	[262]
82	铅	Pb	207.2	106		Unh	[263]
83	铋	Bi	208.9804	107			[261]
84	钋	Po	[210][209]				

附录 2　国际单位制中具有专用名称导出单位

量的名称	单位名称	单位符号	其他表示示例
频率	赫[兹]	Hz	s^{-1}
力	牛[顿]	N	$kg \cdot m/s^2$
压力、应力	帕[斯卡]	Pa	N/m^2

续表

量的名称	单位名称	单位符号	其他表示示例
能、功、热量	焦[耳]	J	N·m
电量、电荷	库[仑]	C	A·s
功率	瓦[特]	W	J/s
电位、电压、电动势	伏[特]	V	W/A
电容	法[拉]	F	C/V
电阻	欧[姆]	Ω	V/A
电导	西[门子]	S	A/V
磁通量	韦[伯]	Wb	V·s
磁感应强度	特[斯拉]	T	Wb/m^2
电感	亨[利]	H	Wb/A
摄氏温度	摄氏度	℃	

附录3　国际单位制的基本单位

量	单位名称	单位符号
长度	米	m
质量	千克(公斤)	kg
时间	秒	s
电流	安[培]	A
热力学温度	开[尔文]	K
物质的量	摩[尔]	mol
光强度	坎[德拉]	ed

附录4　用于构成十进倍数和分数单位的词头

倍数	词头名称	词头符号	分数	词头名称	词头符号
10^{18}	艾[可萨](exa)	E	10^{-1}	分(deci)	d
10^{15}	拍[它](peta)	P	10^{-2}	厘(centi)	c
10^{12}	太[拉](tera)	T	10^{-3}	毫(milli)	m

续表

倍数	词头名称	词头符号	分数	词头名称	词头符号
10^9	吉［咖］(giga)	G	10^{-6}	微(micro)	μ
10^6	兆(mega)	M	10^{-9}	纳［诺］(nano)	n
10^3	千(kilo)	k	10^{-12}	皮［可］(pico)	p
10^2	百(hecto)	h	10^{-15}	飞［母托］(femto)	f
10^1	十(deca)	da	10^{-18}	阿［托］(atto)	a

附录5　不同温度下水的表面张力 γ

$t/℃$	$\gamma/(10^{-3}\,\text{N/m})$	$t/℃$	$\gamma/(10^{-3}\,\text{N/m})$
0	75.64	21	72.59
5	74.92	22	72.44
10	74.22	23	72.28
11	74.07	24	72.13
12	73.93	25	71.97
13	73.78	26	71.82
14	73.64	27	71.66
15	73.49	28	71.50
16	73.34	29	71.35
17	73.19	30	71.18
18	73.05	35	70.38
19	72.90	40	69.56
20	72.75	45	68.74

附录6　甘汞电极的电极电势与温度的关系

甘汞电极	φ/V
饱和甘汞电极	$0.2412-6.61\times10^{-4}(t-25)-1.75\times10^{-6}(t-25)^2-9\times10^{-10}(t-25)^3$
标准甘汞电极	$0.2801-2.75\times10^{-4}(t-25)-2.50\times10^{-6}(t-25)^2-4\times10^{-9}(t-25)^3$
甘汞电极 0.1mol/L	$0.3337-8.75\times10^{-5}(t-25)-3\times10^{-6}(t-25)^2$

附录7 一些常见物质的标准摩尔生成焓、标准摩尔生成吉布斯函数、标准摩尔熵和摩尔热容

（100kPa，298.15K）

物质	$\Delta_f H_m^\ominus$	$\Delta_f G_m^\ominus$	$S_m^\ominus$	$C_{p,m}^\ominus$
	kJ/mol	kJ/mol	J/(K·mol)	J/(K·mol)
Ag(s)	0	0	42.712	25.48
Ag$_2$CO$_3$(s)	−506.14	−437.09	167.36	
Ag$_2$O(s)	−30.56	−10.82	121.71	65.57
Al(s)	0	0	28.315	24.35
Al(g)	313.80	273.2	164.553	
Al$_2$O$_3$-α	−1669.8	−2213.16	0.986	79.0
Al$_2$(SO$_4$)$_3$(s)	−3434.98	−3728.53	239.3	259.4
Br$_2$(g)	111.884	82.396	175.021	
Br$_2$(g)	30.71	3.109	245.455	35.99
Br$_2$(l)	0	0	152.3	35.6
C(g)	718.384	672.942	158.101	
C(金刚石)	1.896	2.866	2.439	6.07
C(石墨)	0	0	5.694	8.66
CO(g)	−110.525	−137.285	198.016	29.142
CO$_2$(g)	−393.511	−394.38	213.76	37.120
Ca(s)	0	0	41.63	26.27
CaC$_2$(s)	−62.8	-67.8	70.2	62.34
CaCO$_3$(方解石)	−1206.87	−1128.70	92.8	81.83
CaCl$_2$(s)	−795.0	−750.2	113.8	72.63
CaO(s)	−635.6	−604.2	39.7	48.53
Ca(OH)$_2$(s)	−986.5	−896.89	76.1	84.5

物质	$\Delta_f H_m^\ominus$	$\Delta_f G_m^\ominus$	$S_m^\ominus$	$C_{p,m}^\ominus$
	kJ/mol	kJ/mol	J/(K·mol)	J/(K·mol)
$CaSO_4$（硬石膏）	−1432.68	−1320.24	106.7	97.65
Cl-(aq)	−167.456	−131.168	55.10	
$Cl_2(g)$	0	0	222.948	33.9
Cu(s)	0	0	33.32	24.47
CuO(s)	−155.2	−127.1	43.51	44.4
Cu_2O-α	−166.69	−146.33	100.8	69.8
$F_2(g)$	0	0	203.5	31.46
Fe-α	0	0	27.15	25.23
$FeCO_3$(s)	−747.68	−673.84	92.8	82.13
FeO(s)	−266.52	−244.3	54.0	51.1
Fe_2O_3(s)	−822.1	−741.0	90.0	104.6
Fe_3O_4(s)	−117.1	−1014.1	146.4	143.42
H(g)	217.94	203.122	114.724	20.80
$H_2(g)$	0	0	130.695	28.83
$D_2(g)$	0	0	144.884	29.20
HBr(g)	−36.24	−53.22	198.60	29.12
HBr(aq)	−120.92	−102.80	80.71	
HCl(g)	−92.311	−95.265	186.786	29.12
HCl(aq)	−167.44	−131.17	55.10	
H_2CO_3(aq)	−698.7	−623.37	191.2	
HI(g)	−25.94	−1.32	206.42	29.12
$H_2O(g)$	−241.825	−228.577	188.823	33.571
$H_2O(l)$	−285.838	−237.142	69.940	75.296
$H_2O(s)$	−291.850	(−234.03)	(39.4)	
$H_2O_2(l)$	−187.61	−118.04	102.26	82.29

物质	$\Delta_f H_m^\Theta$	$\Delta_f G_m^\Theta$	S_m^Θ	$C_{p,m}^\Theta$
	kJ/mol	kJ/mol	J/(K・mol)	J/(K・mol)
$H_2S(g)$	−20.146	−33.040	205.75	33.97
$H_2SO_4(l)$	−811.35	(−866.4)	156.85	137.57
$H_2SO_4(aq)$	−811.32			
$HSO_4(aq)$	−885.75	−752.99	126.86	
$I_2(s)$	0	0	116.7	55.97
$I_2(g)$	62.242	19.34	260.60	36.87
$N_2(g)$	0	0	191.598	29.12
$NH_3(g)$	−46.19	−16.603	192.61	35.65
$NO(g)$	89.860	90.37	210.309	29.861
$NO_2(g)$	33.85	51.86	240.57	37.90
$N_2O(g)$	81.55	103.62	220.10	38.70
$N_2O_4(g)$	9.660	98.39	304.42	79.0
$N_2O_5(g)$	2.51	110.5	342.4	108.0
$O(g)$	247.521	230.095	161.063	21.93
$O_2(g)$	0	0	205.138	29.37
$O_3(g)$	142.3	163.45	237.7	38.15
$OH^-(aq)$	−229.940	−157.297	−10.539	
$S(单斜)$	0.29	0.096	32.55	23.64
$S(斜方)$	0	0	31.9	22.60
(g)	124.94	76.08	227.76	32.55
$S(g)$	222.80	182.27	167.825	
$SO_2(g)$	−296.90	−300.37	248.64	39.79
$SO_3(g)$	−395.18	−370.40	256.34	50.70
$SO_4^{2-}(aq)$	−907.51	−741.90	17.2	

附录 8 标准电极电势 (298.15K)

1. 在酸性溶液中

电极反应	$E^\ominus$/V	电极反应	$E^\ominus$/V
$Ag^+ + e^- \longrightarrow Ag$	0.7996	$Au^+ + e^- \longrightarrow Au$	1.692
$Ag^{2+} + e^- \longrightarrow Ag^+$	1.980	$Au^{3+} + 3e^- \longrightarrow Au$	1.498
$AgAc + e^- \longrightarrow Ag + Ac^-$	0.643	$AuCl_4^- + 3e^- \longrightarrow Au + 4Cl^-$	1.002
$AgBr + e^- \longrightarrow Ag + Br^-$	0.07133	$Au^{3+} + 2e^- \longrightarrow Au^+$	1.401
$Ag_2BrO_3 + e^- \longrightarrow 2Ag + BrO_3^-$	0.546	$H_3BO_3 + 3H^+ + 3e^- \longrightarrow B + 3H_2O$	−0.8698
$Ag_2C_2O_4 + 2e^- \longrightarrow 2Ag + C_2O_4^{2-}$	0.4647	$Ba^{2+} + 2e^- \longrightarrow Ba$	−2.912
$AgCl + e^- \longrightarrow Ag + Cl^-$	0.22233	$Ba^{2+} + 2e^- \longrightarrow Ba(Hg)$	−1.570
$Ag_2CO_3 + 2e^- \longrightarrow 2Ag + CO_3^{2-}$	0.47	$Be^{2+} + 2e^- \longrightarrow Be$	−1.847
$Ag_2CrO_4 + 2e^- \longrightarrow 2Ag + CrO_4^{2-}$	0.4470	$BiCl_4^- + 3e^- \longrightarrow Bi + 4Cl^-$	0.16
$AgF + e^- \longrightarrow Ag + F^-$	0.779	$Bi_2O_4 + 4H^+ + 2e^- \longrightarrow 2BiO^+ + 2H_2O$	1.593
$AgI + e^- \longrightarrow Ag + I^-$	0.15224	$BiO^+ + 2H^+ + 3e^- \longrightarrow Bi + H_2O$	0.320
$Ag_2S + 2H^+ + 2e^- \longrightarrow 2Ag + H_2S$	−0.0366	$BiOCl + 2H^+ + 3e^- \longrightarrow Bi + Cl^- + H_2O$	0.1583
$AgSCN + e^- \longrightarrow Ag + SCN^-$	0.08951	$Br_2(aq) + 2e^- \longrightarrow 2Br^-$	1.0873
$Ag_2SO_4 + 2e^- \longrightarrow 2Ag + SO_4^{2-}$	0.654	$Br_2(l) + 2e^- \longrightarrow 2Br^-$	1.066
$Al^{3+} + 3e^- \longrightarrow Al$	−1.662	$HBrO + H^+ + 2e^- \longrightarrow Br^- + H_2O$	1.331
$AlF_6^{3-} + 3e^- \longrightarrow Al + 6F^-$	−2.069	$HBrO + H^+ + e^- \longrightarrow 1/2Br_2(aq) + H_2O$	1.574
$As_2O_3 + 6H^+ + 6e^- \longrightarrow 2As + 3H_2O$	0.234	$HBrO + H^+ + e^- \longrightarrow 1/2Br_2(l) + H_2O$	1.596
$HAsO_2 + 3H^+ + 3e^- \longrightarrow As + 2H_2O$	0.248	$BrO_3^- + 6H^+ + 5e^- \longrightarrow 1/2Br_2 + 3H_2O$	1.482
$H_3AsO_4 + 2H^+ + 2e^- \longrightarrow HAsO_2 + 2H_2O$	0.560	$BrO_3^- + 6H^+ + 6e^- \longrightarrow Br^- + 3H_2O$	1.423

续表

电极反应	$E^{\ominus}/\text{V}$	电极反应	$E^{\ominus}/\text{V}$
$Ca^{2+}+2e^- \rightleftharpoons Ca$	-2.868	$ClO_4^-+8H^++8e^- \rightleftharpoons Cl^-+4H_2O$	1.389
$Cd^{2+}+2e^- \rightleftharpoons Cd$	-0.4030	$Co^{2+}+2e^- \rightleftharpoons Co$	-0.28
$CdSO_4+2e^- \rightleftharpoons Cd+SO_4^{2-}$	-0.246	$Co^{3+}+e^- \rightleftharpoons Co^{2+}(2\text{mol}\cdot\text{L}^{-1}\,H_2SO_4)$	1.83
$Cd^{2+}+2e^- \rightleftharpoons Cd(Hg)$	-0.3521	$CO_2+2H^++2e^- \rightleftharpoons HCOOH$	-0.199
$Ce^{3+}+3e^- \rightleftharpoons Ce$	-2.483	$Cr^{2+}+2e^- \rightleftharpoons Cr$	-0.913
$Cl_2(g)+2e^- \rightleftharpoons 2Cl^-$	1.35827	$Cr^{3+}+e^- \rightleftharpoons Cr^{2+}$	-0.407
$HClO+H^++e^- \rightleftharpoons 1/2Cl_2+H_2O$	1.611	$Cr^{3+}+3e^- \rightleftharpoons Cr$	-0.744
$HClO+H^++2e^- \rightleftharpoons Cl^-+H_2O$	1.482	$Cr_2O_7^{2-}+14H^++6e^- \rightleftharpoons 2Cr^{3+}+7H_2O$	1.232
$ClO_2+H^++e^- \rightleftharpoons HClO_2$	1.277	$HCrO_4^-+7H^++3e^- \rightleftharpoons Cr^{3+}+4H_2O$	1.350
$HClO_2+2H^++2e^- \rightleftharpoons HClO+H_2O$	1.645	$Cu^++e^- \rightleftharpoons Cu$	0.521
$HClO_2+3H^++3e^- \rightleftharpoons 1/2Cl_2+2H_2O$	1.628	$Cu^{2+}+e^- \rightleftharpoons Cu^+$	0.153
$HClO_2+3H^++4e^- \rightleftharpoons Cl^-+2H_2O$	1.570	$Cu^{2+}+2e^- \rightleftharpoons Cu$	0.3419
$ClO_3^-+2H^++e^- \rightleftharpoons ClO_2+H_2O$	1.152	$CuCl+e^- \rightleftharpoons Cu+Cl^-$	0.124
$ClO_3^-+3H^++2e^- \rightleftharpoons HClO_2+H_2O$	1.214	$F_2+2H^++2e^- \rightleftharpoons 2HF$	3.053
$ClO_3^-+6H^++5e^- \rightleftharpoons 1/2Cl_2+3H_2O$	1.47	$F_2+2e^- \rightleftharpoons 2F^-$	2.866
$ClO_3^-+6H^++6e^- \rightleftharpoons Cl^-+3H_2O$	1.451	$Fe^{2+}+2e^- \rightleftharpoons Fe$	-0.447
$ClO_4^-+2H^++2e^- \rightleftharpoons ClO_3^-+H_2O$	1.189	$Fe^{3+}+3e^- \rightleftharpoons Fe$	-0.037
$ClO_4^-+8H^++7e^- \rightleftharpoons 1/2Cl_2+4H_2O$	1.39	$Fe^{3+}+e^- \rightleftharpoons Fe^{2+}$	0.771

续表

电极反应	$E^{\ominus}/V$	电极反应	$E^{\ominus}/V$
$[Fe(CN)_6]^{3-} + e^- \Longrightarrow [Fe(CN)_6]^{4-}$	0.358	$2IO_3^- + 12H^+ + 10e^- \Longrightarrow I_2 + 6H_2O$	1.195
$FeO_4^{2-} + 8H^+ + 3e^- \Longrightarrow Fe^{3+} + 4H_2O$	2.20	$IO_3^- + 6H^+ + 6e^- \Longrightarrow I^- + 3H_2O$	1.085
$Ga^{3+} + 3e^- \Longrightarrow Ga$	-0.560	$In^{3+} + 2e^- \Longrightarrow In^+$	-0.443
$2H^+ + 2e^- \Longrightarrow H_2$	0.00000	$In^{3+} + 3e^- \Longrightarrow In$	-0.3382
$H_2(g) + 2e^- \Longrightarrow 2H^-$	-2.23	$Ir^{3+} + 3e^- \Longrightarrow Ir$	1.159
$HO_2^- + H^+ + e^- \Longrightarrow H_2O_2$	1.495	$K^+ + e^- \Longrightarrow K$	-2.931
$H_2O_2 + 2H^+ + 2e^- \Longrightarrow 2H_2O$	1.776	$La^{3+} + 3e^- \Longrightarrow La$	-2.522
$Hg^{2+} + 2e^- \Longrightarrow Hg$	0.851	$Li^+ + e^- \Longrightarrow Li$	-3.0401
$2Hg^{2+} + 2e^- \Longrightarrow Hg_2^{2+}$	0.920	$Mg^{2+} + 2e^- \Longrightarrow Mg$	-2.372
$Hg_2^{2+} + 2e^- \Longrightarrow 2Hg$	0.7973	$Mn^{2+} + 2e^- \Longrightarrow Mn$	-1.185
$Hg_2Br_2 + 2e^- \Longrightarrow 2Hg + 2Br^-$	0.13923	$Mn^{3+} + e^- \Longrightarrow Mn^{2+}$	1.5415
$Hg_2Cl_2 + 2e^- \Longrightarrow 2Hg + 2Cl^-$	0.26808	$MnO_2 + 4H^+ + 2e^- \Longrightarrow Mn^{2+} + 2H_2O$	1.224
$Hg_2I_2 + 2e^- \Longrightarrow 2Hg + 2I^-$	-0.0405	$MnO_4^- + e^- \Longrightarrow MnO_4^{2-}$	0.558
$Hg_2SO_4 + 2e^- \Longrightarrow 2Hg + SO_4^{2-}$	0.6125	$MnO_4^- + 4H^+ + 3e^- \Longrightarrow MnO_2 + 2H_2O$	1.679
$I_2 + 2e^- \Longrightarrow 2I^-$	0.5355	$MnO_4^- + 8H^+ + 5e^- \Longrightarrow Mn^{2+} + 4H_2O$	1.507
$I_3^- + 2e^- \Longrightarrow 3I^-$	0.536	$MO^{3+} + 3e^- \Longrightarrow MO$	-0.200
$H_5IO_6 + H^+ + 2e^- \Longrightarrow IO_3^- + 3H_2O$	1.601	$N_2 + 2H_2O + 6H^+ + 6e^- \Longrightarrow 2NH_4OH$	0.092
$2HIO + 2H^+ + 2e^- \Longrightarrow I_2 + 2H_2O$	1.439	$3N_2 + 2H^+ + 2e^- \Longrightarrow 2NH_3(aq)$	-3.09
$HIO + H^+ + 2e^- \Longrightarrow I^- + H_2O$	0.987	$N_2O + 2H^+ + 2e^- \Longrightarrow N_2 + H_2O$	1.766

续表

电极反应	$E^{\ominus}/V$	电极反应	$E^{\ominus}/V$
$N_2O_4 + 2e^- \longrightarrow 2NO_2^-$	0.867	$H_3PO_2 + H^+ + e^- \longrightarrow P + 2H_2O$	−0.508
$N_2O_4 + 2H^+ + 2e^- \longrightarrow 2HNO_2$	1.065	$H_3PO_3 + 2H^+ + 2e^- \longrightarrow H_3PO_2 + H_2O$	−0.499
$N_2O_4 + 4H^+ + 4e^- \longrightarrow 2NO + 2H_2O$	1.035	$H_3PO_3 + 3H^+ + 3e^- \longrightarrow P + 3H_2O$	−0.454
$2NO + 2H^+ + 2e^- \longrightarrow N_2O + H_2O$	1.591	$H_3PO_4 + 2H^+ + 2e^- \longrightarrow H_3PO_3 + H_2O$	−0.276
$HNO_2 + H^+ + e^- \longrightarrow NO + H_2O$	0.983	$Pb^{2+} + 2e^- \longrightarrow Pb$	−0.1262
$2HNO_2 + 4H^+ + 4e^- \longrightarrow N_2O + 3H_2O$	1.297	$PbBr_2 + 2e^- \longrightarrow Pb + 2Br^-$	−0.284
$NO_3^- + 3H^+ + 2e^- \longrightarrow HNO_2 + H_2O$	0.934	$PbCl_2 + 2e^- \longrightarrow Pb + 2Cl^-$	−0.2675
$NO_3^- + 4H^+ + 3e^- \longrightarrow NO + 2H_2O$	0.957	$PbF_2 + 2e^- \longrightarrow Pb + 2F^-$	−0.3444
$2NO_3^- + 4H^+ + 2e^- \longrightarrow N_2O_4 + 2H_2O$	0.803	$PbI_2 + 2e^- \longrightarrow Pb + 2I^-$	−0.365
$Na^+ + e^- \longrightarrow Na$	−2.71	$PbO_2 + 4H^+ + 2e^- \longrightarrow Pb^{2+} + 2H_2O$	1.455
$Nb^{3+} + 3e^- \longrightarrow Nb$	−1.1	$PbO_2 + SO_4^{2-} + 4H^+ + 2e^- \longrightarrow PbSO_4 + 2H_2O$	1.6913
$Ni^{2+} + 2e^- \longrightarrow Ni$	−0.257	$PbSO_4 + 2e^- \longrightarrow Pb + SO_4^{2-}$	−0.3588
$NiO_2 + 4H^+ + 2e^- \longrightarrow Ni^{2+} + 2H_2O$	1.678	$Pd^{2+} + 2e^- \longrightarrow Pd$	0.951
$O_2 + 2H^+ + 2e^- \longrightarrow H_2O_2$	0.695	$PdCl_4^{2-} + 2e^- \longrightarrow Pd + 4Cl^-$	0.591
$O_2 + 4H^+ + 4e^- \longrightarrow 2H_2O$	1.229	$Pt^{2+} + 2e^- \longrightarrow Pt$	1.118
$O(g) + 2H^+ + 2e^- \longrightarrow H_2O$	2.421	$Rb^+ + e^- \longrightarrow Rb$	−2.98
$O_3 + 2H^+ + 2e^- \longrightarrow O_2 + H_2O$	2.076	$Re^{3+} + 3e^- \longrightarrow Re$	0.300
$P(red) + 3H^+ + 3e^- \longrightarrow PH_3(g)$	−0.111	$S + 2H^+ + 2e^- \longrightarrow H_2S(aq)$	0.142
$P(white) + 3H^+ + 3e^- \longrightarrow PH_3(g)$	−0.063	$S_2O_8^{2-} + 4H^+ + 2e^- \longrightarrow 2H_2SO_3$	0.564

续表

电极反应	$E^{\ominus}/V$	电极反应	$E^{\ominus}/V$
$S_2O_8^{2-}+2e^- \longrightarrow 2SO_4^{2-}$	2.010	$Sr^{2+}+2e^- \longrightarrow Sr$	-2.89
$S_2O_8^{2-}+2H^++2e^- \longrightarrow 2HSO_4^-$	2.123	$Sr^{2+}+2e^- \longrightarrow Sr(Hg)$	-1.793
$2H_2SO_3+H^++2e^- \longrightarrow H_2SO_4^-+2H_2O$	-0.056	$Te+2H^++2e^- \longrightarrow H_2Te$	-0.793
$H_2SO_3+4H^++4e^- \longrightarrow S+3H_2O$	0.449	$Te^{4+}+4e^- \longrightarrow Te$	0.568
$SO_4^{2-}+4H^++2e^- \longrightarrow H_2SO_3+H_2O$	0.172	$TeO_2+4H^++4e^- \longrightarrow Te+2H_2O$	0.593
$2SO_4^{2-}+4H^++2e^- \longrightarrow S_2O_6^{2-}+2H_2O$	-0.22	$TeO_4+8H^++7e^- \longrightarrow Te+4H_2O$	0.472
$Sb+3H^++3e^- \longrightarrow 2SbH_3$	-0.510	$H_6TeO_6+2H^++2e^- \longrightarrow TeO_2+4H_2O$	1.02
$Sb_2O_3+6H^++6e^- \longrightarrow 2Sb+3H_2O$	0.152	$Th^{4+}+4e^- \longrightarrow Th$	-1.899
$Sb_2O_5+6H^++6e^- \longrightarrow 2SbO^++3H_2O$	0.581	$Ti^{2+}+2e^- \longrightarrow Ti$	-1.630
$SbO^++2H^++3e^- \longrightarrow Sb+H_2O$	0.212	$Ti^{3+}+e^- \longrightarrow Ti^{2+}$	-0.368
$Sc^{3+}+3e^- \longrightarrow Sc$	-2.077	$TiO^{2+}+2H^++e^- \longrightarrow Ti^{3+}+H_2O$	0.099
$Se+2H^++2e^- \longrightarrow H_2Se(aq)$	-0.399	$TiO_2+4H^++2e^- \longrightarrow Ti^{2+}+2H_2O$	-0.502
$H_2SeO_3+4H^++4e^- \longrightarrow Se+3H_2O$	0.74	$Tl^++e^- \longrightarrow Tl$	-0.336
$SeO_4^{2-}+4H^++2e^- \longrightarrow H_2SeO_3+H_2O$	1.151	$V^{2+}+2e^- \longrightarrow V$	-1.175
$SiF_6^{2-}+4e^- \longrightarrow Si+6F^-$	-1.24	$V^{3+}+e^- \longrightarrow V^{2+}$	-0.255
$(quartz)SiO_2+4H^++4e^- \longrightarrow Si+2H_2O$	0.857	$VO^{2+}+2H^++e^- \longrightarrow V^{3+}+H_2O$	0.337
$Sn^{2+}+2e^- \longrightarrow Sn$	-0.1375	$VO_2^++2H^++e^- \longrightarrow VO^{2+}+H_2O$	0.991
$Sn^{4+}+2e^- \longrightarrow Sn^{2+}$	0.151	$V(OH)_4^++2H^++e^- \longrightarrow VO^{2+}+3H_2O$	1.00
$Sr^++e^- \longrightarrow Sr$	-4.10	$V(OH)_4^++4H^++5e^- \longrightarrow V+4H_2O$	-0.254

续表

电极反应	$E^{\ominus}/\mathrm{V}$	电极反应	$E^{\ominus}/\mathrm{V}$
$W_2O_5+2H^++2e^- \Longrightarrow 2WO_2+H_2O$	-0.031	$2WO_3+2H^++2e^- \Longrightarrow W_2O_5+H_2O$	-0.029
$WO_2+4H^++4e^- \Longrightarrow W+2H_2O$	-0.119	$Y^{3+}+3e^- \Longrightarrow Y$	-2.37
$WO_3+6H^++6e^- \Longrightarrow W+3H_2O$	-0.090	$Zn^{2+}+2e^- \Longrightarrow Zn$	-0.7618

2. 在碱性溶液中

电极反应	$E^{\ominus}/\mathrm{V}$	电极反应	$E^{\ominus}/\mathrm{V}$
$AgCN+e^- \Longrightarrow Ag+CN^-$	-0.017	$BrO^-+H_2O+2e^- \Longrightarrow Br^-+2OH^-$	0.761
$[Ag(CN)_2]^-+e^- \Longrightarrow Ag+2CN^-$	-0.31	$BrO_3^-+3H_2O+6e^- \Longrightarrow Br^-+6OH^-$	0.61
$Ag_2O+H_2O+2e^- \Longrightarrow 2Ag+2OH^-$	0.342	$Ca(OH)_2+2e^- \Longrightarrow Ca+2OH^-$	-3.02
$2AgO+H_2O+2e^- \Longrightarrow Ag_2O+2OH^-$	0.607	$Ca(OH)_2+2e^- \Longrightarrow Ca(Hg)+2OH^-$	-0.809
$Ag_2S+2e^- \Longrightarrow 2Ag+S^{2-}$	-0.691	$ClO^-+H_2O+2e^- \Longrightarrow Cl^-+2OH^-$	0.81
$H_2AlO_3^-+H_2O+3e^- \Longrightarrow Al+4OH^-$	-2.33	$ClO_2^-+H_2O+2e^- \Longrightarrow ClO^-+2OH^-$	0.66
$AsO_2^-+2H_2O+3e^- \Longrightarrow As+4OH^-$	-0.68	$ClO_2^-+2H_2O+4e^- \Longrightarrow Cl^-+4OH^-$	0.76
$AsO_4^{3-}+2H_2O+2e^- \Longrightarrow AsO_2^-+4OH^-$	-0.71	$ClO_3^-+H_2O+2e^- \Longrightarrow ClO_2^-+2OH^-$	0.33
$H_2BO_3^-+5H_2O+8e^- \Longrightarrow BH_4^-+8OH^-$	-1.24	$ClO_3^-+3H_2O+6e^- \Longrightarrow Cl^-+6OH^-$	0.62
$H_2BO_3^-+H_2O+3e^- \Longrightarrow B+4OH^-$	-1.79	$ClO_4^-+H_2O+2e^- \Longrightarrow ClO_3^-+2OH^-$	0.36
$Ba(OH)_2+2e^- \Longrightarrow Ba+2OH^-$	-2.99	$[Co(NH_3)_6]^{3+}+e^- \Longrightarrow [Co(NH_3)_6]^{2+}$	0.108
$Be_2O_3^{2-}+3H_2O+4e^- \Longrightarrow 2Be+6OH^-$	-2.63	$Co(OH)_2+2e^- \Longrightarrow Co+2OH^-$	-0.73
$Bi_2O_3+3H_2O+6e^- \Longrightarrow 2Bi+6OH^-$	-0.46	$Co(OH)_3+e^- \Longrightarrow Co(OH)_2+OH^-$	0.17

续表

电极反应	E^Θ/V	电极反应	E^Θ/V
$CrO_2^- + 2H_2O + 3e^- \rightleftharpoons Cr + 4OH^-$	-1.2	$La(OH)_3 + 3e^- \rightleftharpoons La + 3OH^-$	-2.90
$CrO_4^{2-} + 4H_2O + 3e^- \rightleftharpoons Cr(OH)_3 + 5OH^-$	-0.13	$Mg(OH)_2 + 2e^- \rightleftharpoons Mg + 2OH^-$	-2.690
$Cr(OH)_3 + 3e^- \rightleftharpoons Cr + 3OH^-$	-1.48	$MnO_4^- + 2H_2O + 3e^- \rightleftharpoons MnO_2 + 4OH^-$	0.595
$Cu^{2+} + 2CN^- + e^- \rightleftharpoons [Cu(CN)_2]^-$	1.103	$MnO_4^{2-} + 2H_2O + 2e^- \rightleftharpoons MnO_2 + 4OH^-$	0.60
$[Cu(CN)_2]^- + e^- \rightleftharpoons Cu + 2CN^-$	-0.429	$Mn(OH)_2 + 2e^- \rightleftharpoons Mn + 2OH^-$	-1.56
$Cu_2O + H_2O + 2e^- \rightleftharpoons 2Cu + 2OH^-$	-0.360	$Mn(OH)_3 + e^- \rightleftharpoons Mn(OH)_2 + OH^-$	0.15
$Cu(OH)_2 + 2e^- \rightleftharpoons Cu + 2OH^-$	-0.222	$2NO + H_2O + 2e^- \rightleftharpoons N_2O + 2OH^-$	0.76
$2Cu(OH)_2 + 2e^- \rightleftharpoons Cu_2O + 2OH^- + H_2O$	-0.080	$NO + H_2O + e^- \rightleftharpoons NO + 2OH^-$	-0.46
$[Fe(CN)_6]^{3-} + e^- \rightleftharpoons [Fe(CN)_6]^{4-}$	0.358	$2NO_2^- + 2H_2O + 4e^- \rightleftharpoons N_2^{2-} + 4OH^-$	-0.18
$Fe(OH)_3 + e^- \rightleftharpoons Fe(OH)_2 + OH^-$	-0.56	$2NO_2^- + 3H_2O + 4e^- \rightleftharpoons N_2O + 6OH^-$	0.15
$H_2GaO_3^- + H_2O + 3e^- \rightleftharpoons Ga + 4OH^-$	-1.219	$NO_3^- + H_2O + 2e^- \rightleftharpoons NO_2^- + 2OH^-$	0.01
$2H_2O + 2e^- \rightleftharpoons H_2 + 2OH^-$	-0.8277	$2NO_3^- + 2H_2O + 2e^- \rightleftharpoons N_2O_4 + 4OH^-$	-0.85
$Hg_2O + H_2O + 2e^- \rightleftharpoons 2Hg + 2OH^-$	0.123	$Ni(OH)_2 + 2e^- \rightleftharpoons Ni + 2OH^-$	-0.72
$HgO + H_2O + 2e^- \rightleftharpoons Hg + 2OH^-$	0.0977	$NiO_2 + 2H_2O + 2e^- \rightleftharpoons Ni(OH)_2 + 2OH^-$	-0.490
$H_3IO_3^{2-} + 2e^- \rightleftharpoons IO_3^- + 3OH^-$	0.7	$O_2 + H_2O + 2e^- \rightleftharpoons HO_2^- + OH^-$	-0.076
$IO^- + H_2O + 2e^- \rightleftharpoons I^- + 2OH^-$	0.485	$O_2 + 2H_2O + 2e^- \rightleftharpoons H_2O_2 + 2OH^-$	-0.146
$IO_3^- + 2H_2O + 4e^- \rightleftharpoons IO^- + 4OH^-$	0.15	$O_2 + 2H_2O + 4e^- \rightleftharpoons 4OH^-$	0.401
$IO_3^- + 3H_2O + 6e^- \rightleftharpoons I^- + 6OH^-$	0.26	$O_3 + H_2O + 2e^- \rightleftharpoons O_2 + 2OH^-$	1.24
$Ir_2O_3 + 3H_2O + 6e^- \rightleftharpoons 2Ir + 6OH^-$	0.098	$HO_2^- + H_2O + 2e^- \rightleftharpoons 3OH^-$	0.878

续表

电极反应	$E^{\ominus}/\text{V}$	电极反应	$E^{\ominus}/\text{V}$
$P+3H_2O+3e^- \Longrightarrow PH_3(g)+3OH^-$	-0.87	$2SO_3^{2-}+3H_2O+4e^- \Longrightarrow S_2O_3^{2-}+6OH^-$	-0.571
$H_2PO_2^-+e^- \Longrightarrow P+2OH^-$	-1.82	$SO_4^{2-}+H_2O+2e^- \Longrightarrow SO_3^{2-}+2OH^-$	-0.93
$HPO_3^{2-}+2H_2O+2e^- \Longrightarrow H_2PO_2^-+3OH^-$	-1.65	$SbO_2^-+2H_2O+3e^- \Longrightarrow Sb+4OH^-$	-0.66
$HPO_3^{2-}+2H_2O+3e^- \Longrightarrow P+5OH^-$	-1.71	$SbO_3^-+H_2O+2e^- \Longrightarrow SbO_2^-+2OH^-$	-0.59
$PO_4^{3-}+2H_2O+2e^- \Longrightarrow HPO_3^{2-}+3OH^-$	-1.05	$SeO_3^{2-}+3H_2O+4e^- \Longrightarrow Se+6OH^-$	-0.366
$PbO+H_2O+2e^- \Longrightarrow Pb+2OH^-$	-0.580	$SeO_4^{2-}+H_2O+2e^- \Longrightarrow SeO_3^{2-}+2OH^-$	0.05
$HPbO_2^-+H_2O+2e^- \Longrightarrow Pb+3OH^-$	-0.537	$SiO_3^{2-}+3H_2O+4e^- \Longrightarrow Si+6OH^-$	-1.697
$PbO_2+H_2O+2e^- \Longrightarrow PbO+2OH^-$	0.247	$HSnO_2^-+H_2O+2e^- \Longrightarrow Sn+3OH^-$	-0.909
$Pd(OH)_2+2e^- \Longrightarrow Pd+2OH^-$	0.07	$Sn(OH)_3^{2-}+2e^- \Longrightarrow HSnO_2^-+3OH^-+H_2O$	-0.93
$Pt(OH)_2+2e^- \Longrightarrow Pt+2OH^-$	0.14	$Sr(OH)_2+2e^- \Longrightarrow Sr+2OH^-$	-2.88
$ReO_4^-+4H_2O+7e^- \Longrightarrow Re+8OH^-$	-0.584	$Te+2e^- \Longrightarrow Te^{2-}$	-1.143
$S+2e^- \Longrightarrow S^{2-}$	-0.47627	$TeO_3^{2-}+3H_2O+4e^- \Longrightarrow Te+6OH^-$	-0.57
$S+H_2O+2e^- \Longrightarrow HS^-+OH^-$	-0.478	$Th(OH)_4+4e^- \Longrightarrow Th+4OH^-$	-2.48
$2S+2e^- \Longrightarrow S_2^{2-}$	-0.42836	$Tl_2O_3+3H_2O+3e^- \Longrightarrow 2Tl^++6OH^-$	0.02
$S_4O_6^{2-}+2e^- \Longrightarrow 2S_2O_3^{2-}$	0.08	$ZnO_2^{2-}+2H_2O+2e^- \Longrightarrow Zn+4OH^-$	-1.215
$2SO_3^{2-}+2H_2O+2e^- \Longrightarrow S_2O_4^{2-}+4OH^-$	-1.12